STUD BOOK FRANÇAIS

REGISTRE

DES

CHEVAUX DE DEMI-SANG

NÉS ET IMPORTÉS EN FRANCE

Publié par ordre de M. le Ministre de l'Agriculture

SECTION VENDÉENNE & CHARENTAISE

TOME Ier — 1840-1890

Prix : 4 Francs

PARIS
IMPRIMERIE TYPOGRAPHIQUE J. KUGELMANN
12, rue de la Grange-Batelière, 12

1892

STUD BOOK FRANÇAIS

REGISTRE

DES

CHEVAUX DE DEMI-SANG

NÉS ET IMPORTÉS EN FRANCE

TOME Ier — 1840-1890

STUD BOOK FRANÇAIS

REGISTRE

DES

CHEVAUX DE DEMI-SANG

NÉS ET IMPORTÉS EN FRANCE

Publié par ordre de M. le Ministre de l'Agriculture

SECTION VENDÉENNE & CHARENTAISE

TOME Ier — 1840-1890

Prix : 4 Francs

PARIS
IMPRIMERIE TYPOGRAPHIQUE J. KUGELMANN
12, rue de la Grange-Batelière, 12

1892

RÉPUBLIQUE FRANÇAISE

Paris, le 30 avril 1887.

RAPPORT

A MONSIEUR LE MINISTRE DE L'AGRICULTURE

Monsieur le Ministre,

L'Administration des Haras a reconnu de tout temps la nécessité de tenir grand compte, dans les accouplements, de l'origine et de la généalogie des étalons et des juments livrés à la reproduction. Elle a toujours considéré que l'adoption de ce principe était la base la plus sûre pour poursuivre utilement l'amélioration des races chevalines.

Dès 1833, elle provoquait une ordonnance « portant établissement d'un registre matricule pour l'inscription des chevaux de race pure existant en France *(Stud Book français)* et institution d'une Commission spéciale pour la tenue de ce registre ».

Cette publication a été continuée, sans interruption, depuis cette époque, et la Commission instituée par l'ordonnance précitée fonctionne chaque année pour l'examen des titres produits à l'appui des demandes d'inscription. Aucune inscription n'est faite si elle n'a été proposée à M. le Ministre de l'Agriculture par cette Commission.

Parmi les dispositions arrêtées par le Ministre du Commerce (qui avait alors le service des Haras dans ses attributions), sur la proposition de la Commission du registre matricule, pour l'exécution de l'ordonnance du 3 mars 1833, figurait le paragraphe suivant : « Un registre matricule pourra être établi, à l'avenir, pour l'inscription des chevaux provenant du croisement des races pures avec d'autres races, lorsque ce croisement sera parvenu à un degré qui sera ultérieurement déterminé. »

En 1850, la Direction du service fut d'avis que le moment était venu de donner suite à cette disposition spéciale. Des instructions ministérielles en date du 15 juillet de la même année prescrivirent l'ouverture, au dépôt d'étalons de Tarbes, par les soins du personnel de cet établissement, d'un registre matricule pour l'inscription des poulinières d'élite du département des Hautes-Pyrénées et plus particulièrement encore celles de la plaine de Tarbes, siège de la race bigourdane améliorée.

Ce registre, destiné à constater l'importance de la nouvelle famille, devait en former les archives sommaires et authentiques, et offrir plus tard des matériaux pleins d'intérêt à l'histoire physiologique de la production du cheval dans cette partie de la France.

Les éleveurs informés du désir qu'avait l'Administration de constater, dans un livre officiel, l'existence des juments de choix, reconnurent l'utilité de ce travail et fournirent, avec empressement, des renseignements pour l'inscription d'un grand nombre d'animaux.

Le travail, complètement terminé dans le courant de 1851, fut livré à l'impression par ordre du Ministre de l'Agriculture et du Commerce à la fin de la même année, sous le titre suivant : *État civil de la race bigourdane améliorée.*

Le 15 juillet 1850, le Directeur du haras du Pin recevait, comme son collègue du dépôt de Tarbes, des instructions ministérielles relativement à la rédaction d'un

Stud Book spécial de la race chevaline normande améliorée. En exécution de ces ordres, des recherches furent faites sans interruption, à partir de cette époque, afin de recueillir tous les documents nécessaires pour mener à bonne fin cette délicate et très difficile mission.

Les renseignements fournis par les éleveurs de la circonscription ont été rapprochés des documents consignés dans les archives du dépôt du Pin et contrôlés avec le plus grand soin. Le travail préparatoire a été terminé le 22 mars 1853, et une décision ministérielle du 19 avril suivant a approuvé les bases adoptées pour sa rédaction.

Le *Stud Book normand*, définitivement clos le 25 juin 1853, contenait 1,196 noms, savoir : 260 étalons, 411 poulinières et 525 produits de divers âges. Il fut adressé à M. le Ministre de l'Agriculture et du Commerce, qui voulut bien faire connaître sa satisfaction au sujet de ce travail.

L'impression de ce document important était admise en principe et annoncée aux éleveurs. Divers motifs en retardèrent la publication, qui fut définitivement ajournée : elle n'a pas été faite au grand regret des intéressés, qui ont été unanimes à reconnaître que cette mesure était très préjudiciable au progrès de l'amélioration de la race chevaline anglo-normande.

Une étude spéciale des origines de la famille chevaline vendéenne a été faite en 1868 et 1869, avec l'autorisation du Ministre, par l'inspecteur général qui était chargé à cette époque de l'arrondissement de l'Ouest.

Ce travail devait se diviser en deux parties : la première contenant le recueil généalogique des étalons employés à la reproduction dans les départements de la Vendée et de la Loire-Inférieure depuis 1839 ; la seconde était destinée aux poulinières de la même région et à leurs produits. Il était terminé en avril 1869 et soumis à l'Administration supérieure, qui voulut bien l'approuver et en décider la publication.

Le premier volume de l'ouvrage, qui reçut le titre de « chevaux vendéens », a été imprimé dans le cours de cette même année : il contenait l'origine de 369 étalons. Ce livre, tiré à plusieurs centaines d'exemplaires, a été distribué à tous les éleveurs de la région.

Les événements de 1870 ont arrêté la publication du recueil généalogique des poulinières, qui renfermait 257 juments et 158 produits.

L'essor de la production et de l'amélioration des diverses familles de demi-sang, amené par le fonctionnement de la loi organique de 1874 sur les Haras, rend nécessaire la reprise et la continuation de ces registres généalogiques.

Leur établissement a fait l'objet d'un vœu du Conseil supérieur des Haras ; les éleveurs attendent avec impatience cette nouvelle consécration de leurs efforts, et l'Administration des remontes militaires attache à cette œuvre la plus haute importance. Elle a la ferme conviction qu'elle y puisera des renseignements précieux, au point de vue de la production du cheval de guerre, sur les ressources hippiques des grands centres d'élevage de la France.

Les nations voisines se sont depuis longtemps préoccupées de cette question : c'est ainsi que la Prusse a établi un *Stud Book* très intéressant de la race Trakehnen ; que l'Autriche a fondé celui des chevaux de Lippiza ; qu'aux États-Unis la liste complète et spéciale des trotteurs joue un rôle des plus importants, et, enfin, qu'en Angleterre et en Belgique, on a jugé indispensable d'ouvrir des registres pour l'inscription des sujets de races de trait.

Pour maintenir la France à la hauteur de sa prospérité chevaline, j'ai l'honneur de vous prier de vouloir bien décider que les travaux antérieurs seront repris et arrêter que des *Stud Book* spéciaux pour les familles de demi-sang de races améliorées seront établis et continués par les soins de l'Administration des Haras, qui demeurera chargée de les publier, pour les diverses régions, dans des conditions analogues au *Stud Book* des races pures.

Afin d'étudier les meilleures mesures à prendre pour la rédaction de ce travail et dans le but de lui donner une base régulière et uniforme, j'ai l'honneur de vous proposer de former une Commission composée de membres dont les connaissances spéciales permettraient de fixer les diverses conditions à adopter comme point de départ.

Si vous voulez bien approuver le présent rapport, je vous serai obligé de le revêtir de votre signature, ainsi que l'arrêté ci-joint portant formation de la Commission.

Veuillez agréer, Monsieur le Ministre, l'hommage de mon respectueux dévouement.

Le Directeur des Haras,
H. de Cormette.

Approuvé :

Le Ministre,
J. Develle.

MINISTÈRE DE L'AGRICULTURE

ARRÊTÉ

LE MINISTRE DE L'AGRICULTURE,

Vu l'ordonnance du 3 mars 1833, portant établissement d'un registre matricule pour l'inscription des chevaux de race pure ;

Vu le dernier paragraphe de l'arrêté pris par le Ministre du Commerce, en exécution de ladite ordonnance ;

Considérant qu'il y a lieu, par suite, d'ouvrir, pour la conservation des races améliorées de demi-sang dans les centres les plus importants d'élevage, un registre généalogique qui établisse leur confirmation,

ARRÊTE :

ARTICLE PREMIER.

L'Administration des Haras est chargée d'établir, de continuer et de publier des *Stud Book* spéciaux pour les familles de demi-sang.

ART. 2.

(Suit la désignation des membres composant la Commission.)

Paris, le 30 avril 1887.

J. DEVELLE.

DÉCISIONS DE LA COMMISSION

La Commission du *Stud Book* de demi-sang s'est réunie les 27 mai 1887, 13 juin 1890 et 21 avril 1891. Elle a émis les vœux suivants qui ont été adoptés par M. le Ministre, et à la suite desquels des instructions ont été données à MM. les Directeurs des dépôts d'étalons pour l'établissement des inscriptions :

. . . .

« Il ne sera ouvert qu'un seul *Stud Book* des chevaux de demi-sang. »

. . . .

« Le *Stud Book* sera divisé en six sections, savoir :
« Section normande.
« Section bretonne.
« Section vendéenne et charentaise.
« Section du Midi.
« Section du Centre.
« Section du Nord et de l'Est. »

. . . .

« Seront inscrits aux diverses sections du *Stud Book* des chevaux de demi-sang :

« 1° Les animaux qui, nés avant 1882, auront du côté paternel et du côté maternel un ascendant de pur sang ou de demi-sang ;

« 2° Les animaux qui, nés depuis 1882, auront du côté paternel et du côté maternel deux ascendants de pur sang ou de demi-sang. »

. . . .

« Seront inscrits d'office tous les étalons de demi-sang qui appartiennent ou qui ont appartenu à l'Etat et les étalons approuvés de même catégorie, lors même qu'ils ne rempliraient pas les conditions ci-dessus. »

. . . .

« Les étalons et les juments seront inscrits dans la section du pays où ils produisent.

« Les produits seront inscrits dans la section du pays où ils sont nés. »

. . . .

« Aucun animal ne pourra être inscrit s'il ne porte un nom. »

. . . .

« Les étalons de pur sang qui ont concouru à la formation de la famille seront rappelés dans un appendice placé à la fin du volume.

« Seront également inscrits dans un appendice spécial, les étalons de demi-sang qui ont marqué, avant 1840, dans les fastes de la production chevaline. »

COMMISSION

DU

STUD BOOK DES CHEVAUX DE DEMI-SANG

Président :

M. le Ministre de l'Agriculture.

Vice-Président :

M. le Directeur des Haras.

Membres :

MM. Baillod (le général), Inspecteur général permanent des Remontes militaires;

Basly (de), Propriétaire-éleveur à Saint-Contest (Calvados);

Bénardeau, Chef du 2e Bureau de la Direction des Haras;

Cossigny (de), Inspecteur général des Haras;

Cugnac (de), Directeur de l'École de dressage de Rochefort;

Delanney, Inspecteur général des Haras;

Ganay (de), Inspecteur général des Haras;

Gévelot, Député;

Henry, ancien Député, Membre du Conseil supérieur des Haras;

N.....

MM. Legoux-Longpré, Secrétaire général de la Société d'Encouragement pour l'amélioration du cheval français de demi-sang;

Lindet, Propriétaire-éleveur à Saint-Léger-sur-Sarthe (Orne);

Papon, ancien Député, Membre du Conseil supérieur des Haras;

N.....

Portalès, Inspecteur général des Haras ;

Sempé, Propriétaire-éleveur, Membre du Conseil supérieur des Haras.

Secrétaire :

M. Collin, Sous-Chef du 2e Bureau de la Direction des Haras.

Secrétaires-adjoints :

MM. Dubezin, Surveillant des Haras.

Guillemot, Surveillant des Haras.

ABRÉVIATIONS

H. N.	Haras nationaux.
Al.	Alezan.
Aub.	Aubère.
B.	Bai.
Bb.	Bai brun.
Bl.	Blanc.
C. L.	Café au lait.
F. P.	Fleur de pêcher.
Gr.	Gris.
Is.	Isabelle.
N.	Noir.
P.	Pie.
Ro.	Rouan.
P. S. A.	Pur-sang anglais.
P. S. Ar.	— arabe.
P. S. A. A.	— anglo-arabe.
1/2 s.	Demi-sang.
1/2 s. A.	— anglais.
1/2 s. Al.	— allemand.
1/2 s. Am.	— américain.
1/2 s. Ar.	— arabe.
1/2 s. A. A.	— anglo-arabe.
1/2 s. A. N.	— anglo-normand.
1/2 s. N.	— normand.
1/2 s. B.	— breton.
1/2 s. Big.	— bigourdan.
1/2 s. Char.	— charentais.
1/2 s. V.	— vendéen.
1/2 s. L.	— limousin.
1/2 s. Norf.	— norfolk.
1/2 s. Norf.-B.	— norfolk-breton.
1/2 s. R.	— russe.
1/2 s. Orl.	— orloff.
1/2 s. Meck.	— mecklembourgeois.
1/2 s. Carr.	— carrossier.
S.B.F., t. , p.	Stud-Book français, tome , page
S.B.A., t. , p.	Stud-Book anglais, tome , page

NOTA. — *Le nom qui est inscrit après la date de naissance indique le pays, la région ou le département où est né l'étalon.*

Les dates qui suivent le nom de la circonscription rappellent le temps pendant lequel l'étalon y a fait la monte.

I

SECTION VENDÉENNE & CHARENTAISE

Circonscriptions des Dépôts d'Étalons de la Roche-sur-Yon et de Saintes

DÉPARTEMENTS :

VENDÉE, LOIRE-INFÉRIEURE, DEUX-SÈVRES, CHARENTE, CHARENTE-INFÉRIEURE ET VIENNE.

N. B. — Certains étalons sont mentionnés comme ayant fait partie de l'effectif du Dépôt de Saint-Maixent qui a été rattaché à ceux de la Roche-sur-Yon et de Saintes.

2

1

ÉTALONS

NÉS DANS LES CIRCONSCRIPTIONS DE LA ROCHE-SUR-YON ET DE SAINTES

ÉTALONS

Nés dans les Circonscriptions de la Roche-sur-Yon et de Saintes

---

1. **ABRAHAM,** ex-**ATTILA.** — H. N.
Ro. 1878. — Vendée.
Par *Myosotis*, 1/2 s. N., et une 1/2 s. V., par Jambes-d'Argent, 1/2 s. N.
Sa grand'mère : fille de Black-Eyes, P. S. A.
Saintes : 1882-1883.

2. **ABRANTÈS.** — H. N.
B. 1878. — Vendée.
Par *Kapirat II*, 1/2 s. N., et une 1/2 s. V., par Karibon, 1/2 s. N. ou Julien, 1/2 s. N.
Saintes : 1882-1890.

3. **ACHATE,** ex-**ATLAS.** — H. N.
Ro. 1878. — Charente-Inférieure.
Par *Montbars*, P. S. A., et une 1/2 s. Char., par Imperator, 1/2s. V.
Saintes : 1881-1890.

4. **ACHILLE** (approuvé). — M. Gouineau.
B. 1860. — Circonscription de Saintes.
Par *Mériadec*, P. S. A., et une 1/2 s. Char.
Saintes : 1864.

5. **ACHILLE** (approuvé). — M. Seguin. — M. Guichard.
N. 1855. — Charente-Inférieure.
Par *Quintal*, 1/2 s. N., ou *Harpales*, 1/2 s. N. et une 1/2 s. Char.
Saintes : 1860-1864.

6. **ADMÈTE**, ex-**ARLEQUIN**. — H. N.
Al. 1878. — Vendée.
Par *Kapirat II*, 1/2 s. N., et une 1/2 s. V., par Acacia, 1/2 s. N.
Sa grand'mère : fille de Karmignac, 1/2 s. N.
Saintes : 1882-1883.

7. **AGAMEMNON**, ex-**ARC-EN-CIEL**. — H. N.
B. 1878. — Charente-Inférieure.
Par *Francœur*, P. S. A., et une 1/2 s. Char., par Liber, 1/2 s. N.
Saintes : 1882-1887.

8. **AIZENAY**. — H. N.
B. 1868. — Vendée.
Par *Necker*, 1/2 s. N., et une 1/2 s. V., par Strongbow, P. S. A.
La Roche-sur-Yon : 1872-1874.

9. **ALFORT**, ex-**AVENIR**. — H. N.
Al. 1878. — Vendée.
Par *Pactole*, 1/2 s. N., et une 1/2 s. V., par Kapirat II, 1/2 s. N.
Sa grand'mère : 1/2 s. V., par Acacia, 1/2 s. N.
La Roche-sur-Yon : depuis 1882.

10. **AMBERT**, ex-**ALLEGRO**. — H. N.
B. 1878. — Vendée.
Par *Glaneur*, P. S. A., et une 1/2 s. A.
Saintes : 1882-1883.

11. **AMICAL**. — H. N.
Al. 1878. — Vendée.
Par *Kapirat II*, 1/2 s. N., et une 1/2 s. V., par Royal-Quand-Même, P. S. A.
Sa grand'mère : 1/2 s. V., par John Bull, 1/2 s. N.
La Roche-sur-Yon : 1882-1889.

12 **AMURAT**. — H. N.
Al. 1878. — Deux-Sèvres.
Par *Queymadero*, 1/2 s. N., et une fille de Diogène, 1/2 s. N.
Saintes : 1882-1887.

13. **ANCHISE**, ex-**ARAMIS**. — H. N.
Al. 1878. — Vendée.
Par *Quinconce*, 1/2 s. N., et une 1/2 s. V., par Kalender, 1/2 s. N.
Saintes : 1881-1888.

14. **ANDRÉ.** — H. N.

B. 1847. — Vendée.

Par *Arwed*, P. S. A., et *Sylvie*, 1/2 s. V., par Bitume 1/2 s. N.

La Roche-sur-Yon : 1852-1864.

15. **ANGLES.** — H. N.

B. 1878. — Vendée.

Par *Pactole*, 1/2 s. N., et une 1/2 s. V., par Calderon, 1/2 s. N.

Saintes : 1882-1884.

16. **ARAMIS** (approuvé). — M. Mercier.

B. 1857. — Vendée.

Par *Cornichon*, 1/2 s. N., et une 1/2 s. V.

La Roche-sur-Yon : 1861-1869.

17. **ARGOS**, ex-**ACTÉON**. — H. N.

Al. 1878. — Vendée.

Par *Kapirat II*, 1/2 s. N., et une 1/2 s. V., par Julien, 1/2 s. N.

Saintes : 1882-1886.

18. **ARION II.** — H. N.

Al. 1834. — Vendée.

Par *Arion*, 1/2 s. N., et une jument poitevine.

Saint-Maixent : 1843-1846. — La Roche-sur-Yon : 1847-1849.

19. **ARIUS**, ex-**AMIRAL.** — H. N.

Ro. 1878. — Vendée.

Par *Romuald*, 1/2 s. V., et une fille de *Chantonnay*, 1/2 s. V.

La Roche-sur-Yon : depuis 1882.

20. **ARROGANT.** — H. N.

Al. 1878. — Vendée.

Par *Kalender*, 1/2 s. N. ou *Bénévole*, 1/2 s. V., et une 1/2 s. V., par Douglas, 1/2 S. V.

Saintes : 1882-1886.

21. **ARSENAL.** — H. N.

Al. 1878. — Charente-Inférieure.

Par *Jouteur*, 1/2 s. N., et une 1/2 s. Char., par Misanthrope, 1/2 s. N.

La Roche-sur-Yon : 1882-1889.

22. **ARTABAN** (approuvé). — M. Priouzeau.

B. 1861. — Charente-Inférieure.

Père et mère : 1/2 s. Char.

La Roche-sur-Yon : 1864-1866.

23. **AS-DE-CŒUR.** — H. N.
B. 1878. — Vendée.
Par *Glaneur*, P. S. A., et une 1/2 s. V.
Saintes : 1882-1886.

24. **AUDITEUR.** — H. N.
B. 1878. — Vendée.
Par *Julien*, 1/2 s. N., et une 1/2 s. V., par Froshdorff, P. S. A.
Saintes : depuis 1882.

25. **AULU-GELLE,** ex-**AMBASSADEUR.** — H. N.
Bb. 1878. — Charente-Inférieure.
Par *Quibbler*, 1/2 s. N., et une 1/2 s. Char., par Nacqueville, 1/2 s. N.
Saintes : 1882-1885.

26. **AURIOL II.** — H. N.
B. 1855. — Vendée.
Par *Auriol*, P. S. A., ou *Molière*, 1/2 s. N., et une 1/2 s. V., par Amadis, P. S. A.
Saint-Maixent : 1863.

27. **BACCARAT.** — H. N.
B. 1879. — Charente-Inférieure.
Par *Lazzarone*, P. S. A. A., et une 1/2 s. Char., par Gallipolis, 1/2 s. N.
Saintes ; depuis 1883.

28. **BAJAZET.** — H. N.
B. 1857. — Vendée.
Par *Necker*, 1/2 s. N., et une 1/2 s. V.
La Roche-sur-Yon : 1871.

29. **BALLON.** — H. N.
B. 1840. — Charente-Inférieure.
Par *Cuirassier*, 1/2 s. N., et une jument poitevine.
Saint-Maixent : 1845-1853.

30. **BANQUIER.** — H. N.
B. 1879. — Vendée.
Par *Pactole*, 1/2 s. N., et une 1/2 s. V., par Jambes-d'Argent, 1/2 s. N.
Saintes : depuis 1883.

31. **BARFLEUR,** ex-**BOXEUR.** — H. N.
Par *Qu'en-dira-t-on*, 1/2 s. N., et une 1/2 s. V., par Lahire, 1/2 s. N.
Saintes : 1883-1884.

32. **BARSAC**, ex-**BRACONNIER**. — H. N.
B. 1879. — Vendée.
Par *Kapirat II*, 1/2 s. N., et une 1/2 s. V., par Karibon, 1/2 s. N.
Saintes : depuis 1883.

33. **BASTIEN** (approuvé). — M. E. de Pully.
B. 1860. — Vendée.
La Roche-sur-Yon : 1865-1871.

34. **BATAVE**, ex-**BUCÉPHALE**. — H. N.
B. 1879. — Vendée.
Par *Supérieur*, 1/2 s. N., et une 1/2 s. V., par Oscar, 1/2 s. N.
Sa grand'mère : fille d'Henri IV, 1/2 s. N.
La Roche-sur-Yon : depuis 1883.

35. **BATHURST**, ex-**BRILLANT**. — H. N.
N. 1879. — Vendée.
Par *Soleil* ou *Novus*, 1/2 s.N., et une 1/2 s.V., par Liban, 1/2 s. N.
Sa grand'mère : fille de Necker, 1/2 s. N.
Saintes : 1883-1889.

36. **BEAUVOIR**. — H. N.
B. 1846. — Vendée.
Par *Amadis*, P. S. A., et une fille d'Alasco, 1/2 s. Meck.
La Roche-sur-Yon : 1849. — Saintes : 1850-1861.

37. **BEAUVOIR**. — H. N.
Al. 1868. — Vendée.
Par *Y. Phœnomenon*, 1/2 s. A., et une 1/2 s. V., par Karmignac, 1/2 s. N.
La Roche-sur-Yon : 1872-1886.

38. **BÉNÉVOLE**. — H. N.
B. 1866. — Vendée.
Par *Necker*, 1/2 s. N., et une 1/2 s. V., par Incomparable, 1/2 s. N.
La Roche-sur-Yon : 1872-1884.

39. **BIENFAISANT**. — H. N.
Al. 1879. — Deux-Sèvres.
Par *Quecymadero*, 1/2 s. N., et une 1/2 s. V.
La Roche-sur-Yon : 1883-1887.

40. **BIOSÉ** (approuvé). — M. Mercier fils.
Al. 1863.
La Roche-sur-Yon : 1869-1871.

41. **BOHÉMIEN**. — H. N.
B. 1879. — Charente-Inférieure.
Par *Rapin*, 1/2 s. N., et une 1/2 s. Char., par Kalbrenner, 1/2 s. N.
Saintes : depuis 1883.

42. **BOUIN**. — H. N.
B. 1847. — Vendée.
Par *Xilon*, 1/2 s. N., et une 1/2 s. V.
Saintes : 1850-1853.

43. **BOULO** (approuvé). — M. Thomassin.
B. 1861. — Vendée.
Par *Pied-de-Chêne*, 1/2 s. V., et une 1/2 s. V.
La Roche-sur-Yon : 1867-1870.

44. **BOULOGNE**. — H. N.
Gr. 1847. — Vendée.
Par *Asdrubal*, 1/2 s. L., et une 1/2 s. V.
Saintes : 1850-1852.

45. **BRIGADIER**. — H. N.
B. 1879. — Vendée.
Par *Kapirat II*, 1/2 s. N., et une 1/2 s. V., par Glaneur, P. S. A.
La Roche-sur-Yon : depuis 1883.

46. **BROCARDO**. — H. N.
B. 1879. — Vendée.
Par *Lahire*, 1/2 s. N., et une 1/2 s. V., par John-Bull, 1/2 s. N.
Sa grand'mère : fille d'Isigny, 1/2 s. N.
La Roche-sur-Yon : 1883-1888.

47. **CABRERA**, ex-**CAPITAINE**. — H. N.
B. 1880. — Charente-Inférieure.
Par *Lazzarone*, P. S. A. A., et une 1/2 s. Char., par Carmin, 1/2 s. N.
Saintes : 1884-1885.

48. **CAÏN**, ex-**CÉSAR**. — H. N.
B. 1880. — Vendée.
Par *Terme*, 1/2 s. N., et une 1/2 s. V., par Klauck, 1/2 s. N.
Sa grand'mère : fille de Douglas, 1/2 s. V.
La Roche-sur-Yon : depuis 1884.

49. **CALLIMAQUE**, ex-**CICÉRON**. — H. N.
B. 1880. — Saintonge.
Par *Quibbler*, 1/2 s. N., et une 1/2 s. Char., par Imperator, 1/2 s. V.
Saintes : 1884-1887.

50. **CALLISTHÈNE**, ex-**CICÉRON**. — H. N.
B. 1880. — Vendée.
Par *Novus*, 1/2 s. N., et une 1/2 s. V., par Liban, 1/2 s. N.
Sa grand'mère : fille d'Henri IV, 1/2 s. N.
La Roche-sur-Yon : depuis 1884.

51. **CALUMET**. — H. N.
Gr. 1874. — Vendée.
Par *Borach*, P. S. Ar., et une 1/2 s. V., par Y. Atlas, 1/2 s. A.
La Roche-sur-Yon : 1878-1884.

52. **CAMISARD**, ex-**CORSAIRE**. — H. N.
Al. 1880. — Vendée.
Par *Kapirat II*, 1/2 s. N., et une 1/2 s. V., par Nectar, 1/2 s. N.
Sa grand'mère : fille d'Isocrate, 1/2 s. N.
Saintes : depuis 1883.

53. **CARRÉ**. — H. N.
B. 1858. — Vendée.
Par *Necker*, 1/2 s. N., et une 1/2 s. V.
La Roche-sur-Yon : 1871.

54. **CASAUBON** (approuvé). — M. Sicard.
B. 1855. — Charente-Inférieure.
Saintes : 1863-1870.

55. **CASINO**. — H. N.
Aub. 1880. — Vendée.
Par *Qu'en-dira-t-on*, 1/2 s. N., et *Julie*, 1/2 s. V., par Farmers'Glory, 1/2 s. A.
Saintes : 1883-1884 (Hennebont en 1885).

56. **CÉSAR** (approuvé). — M. O. Sicard.
Ro. 1852. — Charente.
Saintes : 1859-1869.

57. **CÉSAR**. — H. N.
Al. 1880. — Charente-Inférieure.
Par *Serpolet*, rouan, 1/2 s. N., et *Mignonne*, par Liberator, 1/2 s. A.
Saintes : depuis 1886.

58. **CEYLAN**. — H. N.
Al. 1880. — Vendée.
Par *Pactole*, 1/2 s. N., et une 1/2 s. V., par Necker, 1/2 s. N.
Sa grand'mère : jument irlandaise.
La Roche-sur-Yon : 1884-1885.

59. **CHAILLÉ**. — H. N.
B. 1860. — Vendée.
Par *Poitevin*, tr., et une 1/2 s. N.
La Roche-sur-Yon : 1864-1871 (Montiérender en 1865).

60. **CHANTONNAY**. — H. N.
Gr. 1847. — Vendée.
Par *Isly*, P.S. Ar., et *Fortification*, 1/2 s. V., par Bastion, 1/2 s. N.
La Roche-sur-Yon : 1861-1870.

61. **CLOWN**. — H. N.
Al. 1880. — Vendée.
Par *Terme*, 1/2 s. N., et une 1/2 s. V., par Jacquard, 1/2 s. N.
Sa grand'mère : fille de Black-Eyes, P. S. A.
Saintes : 1883-1887.

62. **CORAL**. — H. N.
Al. 1858. — Vendée.
Par *Necker*, 1/2 s. N., et *Rachel*, 1/2 s. V., par Naucrate, 1/2 s. N.
La Roche-sur-Yon : 1862-1870.

63. **CORNICHON I** (approuvé). — M. Bernard.
B. 1848. — Vendée.
Par *Cornichon*, 1/2 s. N., et une 1/2 s. V.
La Roche-sur-Yon : 1854-1856.

64. **CORNICHON II**, ex-**LYLE** (approuvé).— M. A. Bernard.
B. 1850. — Vendée.
Par *Cornichon*, 1/2 s. N., et une 1/2 s. V., par Intact, 1/2 s. N.
La Roche-sur-Yon : 1856-1865.

65. **CORNICHON**, ex-**CAMILLY** (approuvé).— M. Gouin.
Al. 1852. — Vendée.
Par *Cornichon*, 1/2 s. N., et une 1/2 s. V.
La Roche-sur-Yon : 1856-1858.

66. **CURTIUS**. — H. N.
B. 1858. — Vendée.
Par *Necker*, 1/2 s. N., et une 1/2 s. V., par Amadis, P. S. A.
Saintes : 1862-1872.

67. **CYRUS III** (approuvé). — M. Martin.
B. 1880. — Charente-Inférieure.
Par *Jouteur*, 1/2 s. N., et une 1/2 s. Char.
Saintes : 1884-1890.

68. **DANAÜS**. — H. N.
Al. 1881. — Vendée.
Par *Kapirat II*, 1/2 s. N., et une 1/2 s. V., par Black-Eyes, P. S. A.
La Roche-sur-Yon : depuis 1885.

69. **DANDINY**, ex-**DANDY**. — H. N.
Al. 1881. — Vendée.
Par *Kapirat II*, 1/2 s. N., ou *Beauvoir*, 1/2 s. V., et une 1/2 s. V., par Julien, 1/2 s. N.
Sa grand'mère : fille de Necker, 1/2 s. N.
La Roche-sur-Yon : 1886-1888.

70. **DANDY**. — H. N.
Al. 1882. — Charente-Inférieure.
Par *Python*, 1/2 s. N., et une 1/2 s. Char., par Wolfram, P. S. A.
La Roche-sur-Yon : 1886-1891.

71. **DANTE**. — H. N.
B. 1881. — Loire-Inférieure.
Par *Usurpateur*, 1/2 s. V., et *Pâquerette*, 1/2 s. V., par Malthus, 1/2 s. N.
Sa grand'mère : fille de Necker, 1/2 s. N.
La Roche-sur-Yon : Depuis 1885.

72. **DANTON**, ex-**DANDY**. — H. N.
Al. 1881. — Vendée.
Par *Rovigo*, 1/2 s. V., et une 1/2 s. V., par Black-Eyes, P. S. A.
Sa grand'mère : fille de Jambes-d'Argent, 1/2 s. N.
La Roche-sur-Yon : Depuis 1885.

73. **DÉBUTANT**. — H. N.
B. 1881, — Charente-Inférieure.
Par *Martin*, 1/2 s., et une 1/2 s. Char., par Emilien, P. S. A.
Saintes : 1885-1889.

74. **DECRESCENDO**. — H. N.
Bb. 1881. — Vendée.
Par *Romuald*, 1/2 s. V., et *Conquérante*, par Houdon, 1/2 s. N.
Saintes : depuis 1885.

75. **DÉFENSEUR**. — H. N.
B. 1881. — Charente-Inférieure.
Par *Python*, 1/2 s. N., et une 1/2 s., par Avant-Garde, P. S. A. A.
Saintes : depuis 1885.

76. DELAVIGNE, ex-**DAVIS**. — H. N.
B. 1881. — Vendée.
Par *Rovigo*, 1/2 s. V., et une 1/2 s. V., par Hargneux, 1/2 s. N.
Sa grand'mère : fille de Cornichon II, 1/2 s. V.
La Roche-sur-Yon : depuis 1885.

77. DÉMOSTHÈNES. — H. N.
B. 1881. — Charente-Inférieure.
Par *Orphéon*, 1/2 s. N., et une fille de Fernand-Cortès, 1/2 s. N.
Saintes : 1885-1888.

78. DÉPART. — H. N.
Bb. 1881. — Charente-Inférieure.
Par *Pâris*, 1/2 s. N., et une 1/2 s. Char., par Lucifer, 1/2 s. N.
Saintes : depuis 1885.

79. DÉPARTEMENTAL. — H. N.
Al. 1836. — Vendée.
Par *Fanfaron*, 1/2 s. V., et *Atalante*, 1/2 N.
Saint-Maixent : 1841-1843.

80. DEPIERREFONDS. — H. N.
Al. 1881. — Charente-Inférieure.
Par *Quibbler*, 1/2 s. N., et une 1/2 s. V., par Joubert, 1/2 s. N.
Saintes : 1885-1890.

81. DÉSERT, ex-**DIAVOLO**. — H. N.
Al. 1881. — Vendée.
Par *Terme*, 1/2 s. N., et une 1/2 s. V., par Black-Eyes, P. S. A.
Sa grand'mère : fille de Necker, 1/2 s. N.
La Roche-sur-Yon : 1885.

82. DESGENETTES, ex-**DIABLE-A-QUATRE**. — H. N.
Ro. 1881. — Vendée.
Par *Pactole*, 1/2 s. N., et une 1/2 s. V., par Jambes-d'Argent, 1/2 s. N.
Sa grand'mère : fille de Sir-Benjamin, P. S. A.
La Roche-sur-Yon : depuis 1885.

83. DIAMANTIN. — H. N.
B. 1881. — Charente-Inférieure.
Par *Lazzarone*, P. S. A. A., et une 1/2 s. Char., par Imperator, 1/2 s. V.
Saintes : depuis 1885.

84. DIAPASON, ex-**DÉCIDÉ**. — H. N.
Ro. 1881. — Vendée.
Par *Romuald*, 1/2 s. V., et *Coquette*, 1/2 s. V.
La Roche-sur-Yon : depuis 1885.

85. **DIÉGO** (approuvé). — Cte de Coral.
B. 1869. — Vienne.
Saintes : 1874-1883.

86. **DIOCLÉTIEN.** — H. N.
Ro. 1881. — Charente-Inférieure.
Par *Lazzarone*, P. S. A. A., et une 1/2 s. Char., par Montbars, P. S. A.
Saintes : 1885-1888.

87. **DIRITTO.** — H. N.
Ro. 1859. — Vendée.
Par *Y. Atlas*, 1/2 s. A., et une fille de Pied-de-Chêne, 1/2 s. V.
La Roche-sur-Yon : 1871.

88. **DOUGLAS.** — H. N.
B. 1859. — Vendée.
Par *Y. Atlas*, 1/2 s. A., et une 1/2 s. V., par Intact, 1/2 s. N.
La Roche-sur-Yon : 1863-1874.

89. **ÉCHANSON.** — H. N.
Al. 1882. — Vendée.
Par *Pactole*, 1/2 s. N., et une 1/2 s. V., par Jambes-d'Argent, 1/2 s. N.
Saintes : 1886-1890

90. **ÉCLAIREUR.** — H. N.
Al. 1882. — Vendée.
Par *Terme*, 1/2 s. N., et une 1/2 s. V., par Jacquard, 1/2 s. N.
Sa grand'mère : fille de Black-Eyes, P. S. A.
La Roche-sur-Yon : depuis 1886.

91. **ÉCLATANT.** — H. N.
B. 1882. — Charente-Inférieure.
Par *Orphéon*, 1/2 s. N., et une 1/2 s. Char., par Uniady, 1/2 s. N.
Saintes : 1886-1891.

92. **ÉLAYS**, ex-**EYLAU.** — H. N.
Al. 1882. — Loire-Inférieure.
Par *Kapirat II*, 1/2 s. N., et une fille d'Eros, 1/2 s. V.
La Roche-sur-Yon : depuis 1886.

93. **ÉLÉAZAR**, ex-**ÉLECTEUR.** — H. N.
B. 1882. — Vendée.
Par *Rovigo*, 1/2 s. V., et une 1/2 s. V., par Hargneux, 1/2 s. N.
Sa grand'mère : fille de Cornichon II, 1/2 s. V.
La Roche-sur-Yon : 1886-1888.

94. **ÉLECTEUR**. — H. N.
B. 1882. — Charente-Inférieure.
Par *Pâris*, 1/2 s. N. et une fille d'Egée, 1/2 s. N.
Saintes : 1886.

95. **ÉLECTRICIEN**, ex-**ÉLECTRIC**. — H. N.
Al. 1882. — Vendée.
Par *Terme*, 1/2 s. N., et une 1/2 s. V., par Black-Eyes, P. S. A.
Sa grand'mère : 1/2 s. V., par Jambes-d'Argent, 1/2 s. N.
La Roche-sur-Yon : depuis 1886.

96. **ÉMIGRÉ**. — H. N.
Al. 1860. — Vendée.
Par *Isigny*, 1/2 s. N., et une 1/2 s. V., par Cornichon, 1/2 s. V.
Saintes : 1864-1866.

97. **ÉMISSAIRE**, ex-**ÉQUINOX** (approuvé).
M. E. de Pully.
B. 1860. — Vendée.
Par *Isigny*, 1/2 s. N., et une 1/2 s. V., par Fabricius, 1/2 s. N.
Saintes : 1865-1872.

98. **ENRAGÉ** (approuvé). — M. Guillaume.
B. 1882. — Charente-Inférieure.
Par *Queymadero*, 1/2 s. N., et une 1/2 s. Char., par Karibon, 1/2 s. N.
Saintes : depuis 1886.

99. **ÉPICURE**. — H. N.
Al. 1860. — Vendée.
Par *Necker*, 1/2 s. N., et une 1/2 s. V., par Incomparable, 1/2 s. N.
La Roche-sur-Yon : 1864-1874.

100. **ÉPILOGUE**. — H. N.
Al. 1882. — Vendée.
Par *Rovigo*, 1/2 s. V., et une 1/2 s. V., par Liban, 1/2 s. N.
Sa grand'mère : fille de Julien, 1/2 s. N.
La Roche-sur-Yon : depuis 1886.

101. **ÉROS**. — H. N.
Ro. 1860. — Vendée.
Par *Isigny*, 1/2 s. N., et une 1/2 s. V., par Intact, 1/2 s. N.
La Roche-sur-Yon : 1864-1874.

102. **ÉSAÜ** (approuvé). — M. Séguinot.
Al. 1882. — Vendée.
Par *Myosotis*, 1/2 s. N., et une jument de demi-sang.
La Roche-sur-Yon : depuis 1886.

103. **ESCULAPE.** — H. N.
Al. 1882. — Vendée.
Par *Terme*, 1/2 s. N., et une fille de Rovigo, 1/2 s. V.
Saintes : 1886-1889.

104. **ÉSOPE.** — H. N.
Al. 1882. — Charente-Inférieure.
Par *Quibbler*, 1/2 s. N., et une 1/2 s. Char., par Montbars, P. S. A.
Saintes : depuis 1886.

105. **ESPÉRANCE.** — H. N.
Al. 1838. — Vendée.
Par *Espérance*, P. S. A. A., et *Juliette*, 1/2 s. V., par Asdrubal, 1/2 s. L.
La Roche-sur-Yon : 1847.

106. **ESPOIR.** — H. N.
B. 1882. — Charente-Inférieure.
Par *Lazzarone*, P. S. A. A., et une fille d'Impérator, 1/2 s. V.
Sa grand'mère : fille de Joubert, 1/2 s. N.
La Roche-sur-Yon : 1886-1890.

107. **ETNA.** — H. N.
B. 1882. — Charente-Inférieure.
Par *Lazzarone*, P. S. A. A., et une 1/2 s. Char., par Quibbler, 1/2 s. N.
Saintes : 1886-1887.

108. **ÉTOURNEAU** (approuvé). — M. Delfraid.
Al. 1875. — Charente-Inférieure.
Par *Etourneau*, 1/2 s. N., et une 1/2 s. Char., par Cambronne, 1/2 s. N.
Saintes : 1880.

109. **EXMOUTH.** — H. N.
Bb. 1882. — Charente-Inférieure.
Par *Quibbler*, 1/2 s. N., et une fille d'Uniady, 1/2 s. N.
Saintes : 1886-1889.

110. FABRIANO, ex-**FRANCŒUR**. — H. N.
Ro. 1883. — Charente-Inférieure.
Par *Quibbler*, 1/2 s. N., et une 1/2 s. Char., par Misanthrope, 1/2 s. N.
Sa grand'mère : fille d'Obéron, 1/2 s. N.
La Roche-sur-Yon : 1887-1889.

111. FAJARDO, ex-**FANFARON**. — H. N.
Al. 1883. — Charente-Inférieure.
Par *Quibbler*, 1/2 s. N., et une 1/2 s. Char., par Bissextil, P. S. A.
Saintes : depuis 1887.

112. FALGOUX, ex-**FRINGANT**. — H. N.
B. 1883. — Vendée.
Par *Quinconce*, 1/2 s. V., et une 1/2 s. V., par Printemps, P. S. A.
Saintes : depuis 1887.

113. FALKIRK, ex-**FINANCIER**. — H. N.
B. 1883. — Loire-Inférieure.
Par *Lahire*, 1/2 s. N., et une fille de Nique, 1/2 s. N.
Saintes : depuis 1887.

114 FALVY, ex-**FARFADET**. — H. N.
B. 1883. — Charente-Inférieure.
Par *Quibbler*, 1/2 s. N., et une 1/2 s. Char., par Obéron, 1/2 s. N.
La Roche-sur-Yon : depuis 1887.

115. FATAL (approuvé). — M. Goumard.
Bb. 1883. — Charente-Inférieure.
Par *Lazzarone*, P. S. A. A., et une 1/2 s. Char.
Saintes : 1887-1891.

116. FAVEROLLES, ex-**FLORÉAL**. — H. N.
Al. 1883. — Charente-Inférieure.
Par *Lazzarone*, P. S. A. A., et une 1/2 s. Char., par Python, 1/2 s. N.
Saintes : depuis 1887.

117. FAVIÈRES, ex-**FANTASSIN**. — H. N.
B. 1883. — Charente-Inférieure.
Par *Lazzarone*, P. S. A. A., et *Julie*, 1/2 s. Char., par Obéron, 1/2 s. N.
Saintes : depuis 1887.

118. **FÉDRY**, ex-**FRANC-GASCON**. — H. N.
Al. 1883. — Vendée.
Par *Pactole*, 1/2 s. N., et une 1/2 s. V., par Kapirat II, 1/2 s. N.
Sa grand'mère : fille de John-Bull, 1/2 s. N.
La Roche-sur-Yon : 1887-1888.

119. **FELZINS**, ex-**FORTUNÉ**. — H. N.
Al. 1883. — Vendée.
Par *Kapirat II*, 1/2 s. N., et une 1/2 s. V., par Royal-Quand-Même, P. S. A.
Sa grand'mère : fille de John-Bull, 1/2 s. N.
La Roche-sur-Yon : depuis 1887.

120. **FÉNAY**, ex-**FRONTIN**. — H. N.
Al. 1883. — Vendée.
Par *Passe-Père*, P. S. A., et une 1/2 s. V., par Hargneux 1/2 s. N.
Sa grand'mère : fille de Cornichon II, 1/2 s. V.
La Roche-sur-Yon : depuis 1887.

121. **FÉVRIER**, ex-**FIGARO**. — H. N.
Al. 1883. — Vendée.
Par *Queymadéro*, 1/2 s. N., et *Rosette*, 1/2 s. V.
La Roche-sur-Yon : depuis 1887.

122. **FENIOUX**, ex-**FROUFROU**. — H. N.
B. 1883. — Charente-Inférieure.
Par *Angles*, 1/2 s. V., et une 1/2 s. Char., par Obéron, 1/2 s. N.
Saintes : depuis 1887.

123. **FITZ-IONIAN**. — H. N.
B. 1852. — Charente.
Par *Ionian*, P. S. A., et une 1/2 s. V.
Saintes : 1857-1859.

124. **FLAMBART** (approuvé). — M. Coulon.
B. 1861. — Loire-Inférieure.
La Roche-sur-Yon : 1865-1867.

125. **FLEURI** (approuvé). — M. Turpeault.
Bb. 1860. — Vendée.
Par *Isigny*, 1/2 s. N., et une 1/2 s. V., par Gambetti, P. S. A.
La Roche-sur-Yon : 1864-1869.

126. **FLORENTIN** (approuvé). — M. Bonarme.
Al. 1883. — Vendée.
Par *Amical*, 1/2 s. V., et une 1/2 s. V., par John-Bull, 1/2 s. N.
Saintes : 1888-1891.

127. **FONTENAY** (approuvé). — M. Renault.
B. 1860. — Vendée.
Par *Magistrat*, 1/2 s. N., et une 1/2 s. V., par Isigny, 1/2 s. N.
La Roche-sur-Yon : 1864.

128. **FRELUQUET**. — H. N.
B. 1883. — Loire-Inférieure.
Par *Arcole*, 1/2 s. N., et une fille de Kapirat II, 1/2 s. N.
Saintes : depuis 1887.

129. **FROSSE**. — H. N.
B. 1839. — Vendée.
Par *Amadis*, P. S. A., et une jument espagnole.
Saint-Maixent : 1843-1846. — La Roche-sur-Yon : 1847-1849. — Saintes : 1850-1859.

130. **GAGNE-PETIT**. — H. N.
Al. 1884.— Vendée.
Par *Brigadier*, 1/2 s. V., et une 1/2 s. V., par Marignan, 1/2 s. N.
Saintes : depuis 1888.

131. **GAMBETTI**. — H. N.
B. 1884. — Vendée.
Par *Pactole*, 1/2 s. N., et une 1/2 s. V., par Nique, 1/2 s. N.
Sa grand'mère : fille de Jambes-d'Argent, 1/2 s. N.
La Roche-sur-Yon : depuis 1888.

132. **GASCON**. — H. N.
Al. 1884. — Vendée.
Par *Kapirat II*, 1/2 s. N., et une 1/2 s. V., par Jambes-d'Argent ou Karibon, 1/2 s. N.
Sa grand'mère : fille de John-Bull, 1/2 s. N.
La Roche-sur-Yon : depuis 1888.

133. **GATINEAU**. — H. N.
Al. 1884. — Vendée.
Par *Amical*, 1/2 s. V., et une 1/2 s. V. par Terme, 1/2 s. N.
Saintes : 1888.

134. **GAVROCHE**. — H. N.
B. 1884. — Charente-Inférieure.
Par *Quibbler*, 1/2 s. N., et une 1/2 s. Char., par Liber, 1/2 s. N.
Sa grand'mère : fille d'Auguste, 1/2 s. N.
La Roche-sur-Yon : 1888-1889.

135. **GÉNÉRATEUR** (approuvé). — Cte de Juigné.
Al. 1872. — Loire-Inférieure.
Par *Fire Away The Second*, 1/2 s. A., et *Sa Générale*, 1/2 s. Norf.
La Roche-sur-Yon : 1876-1883 (Angers en 1884).

136. **GÉRANIUM**. — H. N.
Al. 1884. — Vendée.
Par *Passe-Père*, P. S. A., et une 1/2 s. V. par Terme, 1/2 s. N.
Sa grand'mère : fille de Permutant, 1/2 s. N.
La Roche-sur-Yon : depuis 1888.

137. **GERMINAL**. — H. N.
B. 1884 — Charente-Inférieure.
Par *Lazzarone*, P. S. A. A., et une 1/2 Char., par Nacqueville, 1/2 s. N.
La Roche-sur-Yon : depuis 1888.

138. **GIGÈS**. — H. N.
Al. 1884. — Vendée.
Par *Vanité*, 1/2 s. V., et une 1/2 s. V., par Black-Eyes, P. S. A.
Saintes : depuis 1888.

139. **GIVRAND**, ex-**GASTRONOME**. — H. N.
Al. 1884. — Vendée.
Par *Terme*, 1/2 s. N., et une 1/2 s. V., par Julien, 1/2 s. N.
Sa grand'mère : fille de Necker, 1/2 s. N.
La Roche-sur-Yon : depuis 1888.

140. **GLORIEUX**. — H. N.
Al. 1884. — Charente-Inférieure.
Par *Lazzarone*, P. S. A. A., et *Muserine*, 1/2 s. Char., par Rébus, 1/2 s. N.
Sa grand'mère : fille de Montbars, P. S. A.
Saintes : 1888-1889.

141. **GOLIATH**. — H. N.
N. 1884. — Charente-Inférieure.
Par *Lazzarone*, P. S. A. A., et une 1/2 s. Char., par Ordinal, 1/2 s. N.
Sa grand'mère : fille de Misanthrope, 1/2 s. N.
La Roche-sur-Yon : depuis 1888.

142. **GOUVERNEUR**. — H. N.
Al. 1884. — Vendée.
Par *Terme*, 1/2 s. N., et une 1/2 s. V., par Kapirat II, 1/2 s. N.
Sa grand'mère : fille de Julien, 1/2 s. N.
La Roche-sur-Yon : depuis 1888.

143. **GUILLOT.** — H. N.
B. 1848. — Vendée.
Par *Y. Amadis*, 1/2 s. V., et une 1/2 s. V.
La Roche-sur-Yon : 1851-1871.

144. **HARPIN.** — H. N.
B. 1863. — Vendée.
Par *Necker*, 1/2 s. N., et une 1/2 s. V., par Cornichon, 1/2 s. N.
La Roche-sur-Yon : 1867-1870.

145. **HÉLIODORE** (approuvé). — M. Guillebeau.
B. 1875. — Charente-Inférieure.
Par *Héliodore*, 1/2 s. N., et une 1/2 s. Char.
Saintes : 1880-1885.

146. **HERCULE.** — H. N.
Al. 1885. — Vendée.
Par *Quibbler*, 1/2 s. N., et *Fanny*, 1/2 s. V., par Egée, 1/2 s. N
Saintes : depuis 1889.

147. **HÉROS.** — H. N.
Ro. 1885. — Vendée.
Par *Romuald*, 1/2 s. V., et *Comète*, 1/2 s. V., par Kapirat II, 1/2 s. N.
Sa grand'mère : fille d'Auriol, P. S. A.
La Roche-sur-Yon : depuis 1889.

148. **HUBERT**, ex-**SAINT-HUBERT.** — H. N.
B. 1885. — Charente-Inférieure.
Par *Banquier*, 1/2 s. V., et *Eugénie*, 1/2 s. Char., par Misanthrope, 1/2 s. N.
Saintes : depuis 1889.

149. **HUGUENOT.** — H. N.
B. 1885. — Vendée.
Par *Terme*, 1/2 s. N., et une 1/2 s. V., par Julien, 1/2 s. N.
Sa grand'mère : fille de Cornichon II, 1/2 s. V.
La Roche-sur-Yon : depuis 1889.

150. **IAMA**, ex-**INTERNATIONAL.** — H. N.
B. 1886. — Charente-Inférieure.
Par *Violon*, 1/2 s. Char., et une 1/2 s. Char., par Puiset, 1/2 s. N.
Sa grand'mère : fille de Kalbrenner, 1/2 s. N.
La Roche-sur-Yon : depuis 1890.

151. **IAR**, ex-**INTRIGANT**. — H. N.
Al. 1886. — Vendée.
Par *Terme*, 1/2 s. N., et une 1/2 s. V., par Necker, 1/2 s. N.
Sa grand'mère : fille d'Y. Gambetti, 1/2 s. V.
La Roche-sur-Yon : depuis 1890.

152. **IBICUS**, ex-**INTERPRÈTE**. — H. N.
Al. 1886. — Vendée.
Par *Amical*, 1/2 s. V., et une 1/2 s. V., par Black-Eyes, P. S. A.
Sa grand'mère : fille de Permutant, 1/2 s. N.
La Roche-sur-Yon : depuis 1890.

153. **IBIQUE**, ex-**IMPÉTUEUX**. — H. N.
Al. 1886. — Loire-Inférieure.
Par *Arcole*, 1/2 s. N., et une 1/2 s. V.
La Roche-sur-Yon : depuis 1890.

154. **IDÉAL**. — H. N.
Al. 1863. — Vendée.
Par *Isigny*, 1/2 s. N., et une 1/2 s. V., par Cornichon, 1/2 s. N.
Saintes : 1868-1871.

155. **IEDO**, ex-**IRLANDAIS**. — H. N.
Al. 1886. — Vendée.
Par *Terme*, 1/2 s. N., et une 1/2 s. V., par Liban, 1/2 s. N.
Sa grand'mère : fille de Molière, 1/2 s. N.
La Roche-sur-Yon : depuis 1890.

156. **IGITUR**, ex-**INTRÉPIDE**. — H. N.
B. 1886. — Charente-Inférieure.
Par *Argos*, 1/2 s. V., et *Coralie*, 1/2 s. Char., par Nacqueville, 1/2 s. N.
Saintes : depuis 1890.

157. **IMPERATOR**. — H. N.
Al. 1864. — Vendée.
Par *Necker*, 1/2 s. N., et une 1/2 s. V
Saintes : 1868-1876.

158. **IMPRÉVU**. — H. N.
B. 1886. — Charente.
Par *Albrant*, 1/2 s. V., et *Délaissée*, 1/2 s. Char , par Urville, 1/2 s. N.
Saintes : depuis 1891.

159. **INDIEN** (approuvé). — M. A. Bouillé.
B. 1886. — Vendée.
Par *Terme*, 1/2 s. N., et une 1/2 s. V., par Julien, 1/2 s. N.
Sa grand'mère : fille de Jambes-d'Argent, 1/2 s. N.
La Roche-sur-Yon : 1890.

160. **INESPÉRÉ.** — H. N.
Al. 1886. — Charente-Inférieure.
Par *Beauvoir*, 1/2 s. V., et une 1/2 s. Char., par Karibon, 1/2 s. N.
Saintes : depuis 1890.

161. **INVENTEUR**, ex-**ILUMA.** — H. N.
B. 1886. — Charente-Inférieure
Par *Argos*, 1/2 s. V., et *Sultane*, 1/2 s. Char., par Ordinal, 1/2 s. N.
Saintes : depuis 1890.

162. **IOLAS**, ex-**INCOMPARABLE.** — H. N.
B. 1886. — Vendée.
Par *Amical*, 1/2 s. V., et une 1/2 s. V., par Terme, 1/2 s. N.
Sa grand'mère : fille de Julien, 1/2 s. N.
La Roche-sur-Yon : depuis 1890.

163. **IPHITUS**, ex-**IMPÉTUEUX.** — H. N.
Al. 1886. — Vendée.
Par *Beauvoir*, 1/2 s. V., et une 1/2 s. V., par Kapirat II, 1/2 s. N.
Sa grand'mère : fille de Julien, 1/2 s. N.
La Roche-sur-Yon : depuis 1890.

164. **IPSE.** — H. N.
Al. 1886. — Vendée.
Par *Vanité*, 1/2 s. V., et *Argus*, 1/2 s. V., par Liban, 1/2 s. N.
Saintes : depuis 1890.

165. **ISARD**, ex-**IMPÉRIAL.** — H. N.
Bb. 1886. — Charente-Inférieure.
Par *Quibbler*, 1/2 s. N., et *Sensitive*, par Kalbrenner, 1/2 s. N.
Saintes : 1890.

166. **ISIDORE**, ex-**INDIGÈNE.** — H. N.
Al. 1886. — Charente-Inférieure.
Par *Depierrefonds*, 1/2 s. V., et *Finette*, 1/2 s. Char., par Puiset, 1/2 s. N.
Saintes : depuis 1890.

167. **ISIEU**. — H. N.
B. 1886. — Charente-Inférieure.
Par *Romuald*, 1/2 s. V., et *Orpheline*, 1/2 s. Char., par Kapirat II, 1/2 s. N.
Saintes : depuis 1890.

168. **ISSY** (approuvé). — M. Guillebot.
N. 1871. — Vendée.
Par *Issy*, 1/2 s. N., et une 1/2 s. V.
Saintes : 1875-1880.

169. **JACKSON**. — H. N.
Al. 1887. — Vendée.
Par *Beauvoir*, 1/2 s. V., et une 1/2 s. V., par Kapirat II, 1/2 s. N.
Sa grand'mère : fille de Barbe-Bleue, 1/2 s. N.
La Roche-sur-Yon : depuis 1891.

170. **JACOB**. — H. N.
Al. 1887. — Vendée.
Par *Beauvoir*, 1/2 s. V., et *Sidonie*, 1/2 s. V., par Kapirat II, 1/2 s. N.
Saintes : depuis 1891.

171. **JACOS**. — H. N.
Al. 1887. — Vendée.
Par *Vanité*, 1/2 s. V., et *Valentine*, 1/2 s. V., par Epicure, 1/2 s. V.
Saintes : depuis 1891.

172. **JACQUES II**. — H. N.
B. 1847. — Vendée.
Par *Amadis*, P. S. A., et une 1/2 s. V.
Saintes : 1850-1852.

173. **JADIS**. — H. N.
N. 1887. — Charente.
Par *Arcole*, 1/2 s. N., et *Messagère*, 1/2 s. V., par Messager, 1/2 s. N.
Saintes : depuis 1891.

174. **JALON**, ex-**JONGLEUR**. — H. N.
Al. 1887. — Charente-Inférieure.
Par *Suleyman*, 1/2 s. N., et *Thérèza*, 1/2 s. Ch., par Lazzarone, P. S. A. A.
Saintes : depuis 1891.

175. **JOHNSON** (approuvé). — M. L. Blay.
Al. 1887. — Vendée.
Par *Queymadéro*, 1/2 s. N., et une 1/2 s. V., par Uranium, 1/2 s. N.
Sa grand-mère : fille d'Horritz, 1/2 s. N.
La Roche-sur-Yon : depuis 1891.

176. **JOINVILLE**. — H. N.
Al. 1887. — Vendée.
Par *Rovigo*, 1/2 s. V., et une 1/2 s. V., par Liban, 1/2 s. N.
Sa grand'mère : par Henri IV, 1/2 s. N.
La Roche-sur Yon : depuis 1891.

177. **JOVIAL** (approuvé). — M Bouillé.
B. 1865. — Vendée.
Par *Dongolah*, 1/2 s. N., et une 1/2 s. V.
La Roche-sur-Yon : 1869-1871.

178. **JOYEUX** (approuvé). — M. Bouillé.
B. 1865. — Vendée.
Par *Dongolah*, 1/2 s. N., et une 1/2 s. V., par Molière, 1/2 s. N.
La Roche-sur-Yon : 1869.

179. **JUVÉNIL**, ex-**ESPOIR**. — H. N.
Al. 1887. — Charente.
Par *Electricien*, 1/2 s. V., et *Folie*, 1/2 s. Char., par Beauvoir, 1/2 s. V.
Saintes : depuis 1891.

180. **KALEM**. — H. N.
Al. 1888. — Charente-Inférieure.
Par *Python*, 1/2 s. N., et *Dauzette*, 1/2. s. V., par Avant-Garde, P. S. A.
Sa grand'mère : fille d'Egée, 1/2 s. N.
Saintes : depuis 1892.

181. **KANGOUROO**. — H. N.
B. 1888. — Charente-Inférieure.
Par *Tant-Mieux*, P. S. A., et *Gamine*, 1/2 s. Char., par Quibbler, 1/2 s. N.
Sa grand'mère : fille de Julien, 1/2 s. N.
Saintes : depuis 1892.

182. **KARMIGNAC**. — H. N.
Al. 1888. — Vendée.
Par *Jaguar*, P. S. A. A., et *Mignonne*, 1/2 s. V., par Julien 1/2 s. N.
Sa grand'mère : fille de Douglas, 1/2 s. V.
La Roche-sur-Yon : depuis 1892.

183. **KARRAL.** — H. N.
Al. 1888. — Vendée.
Par *Calvin*, 1/2 s. N., et *Eugénie*, 1/2 s. V., par Queymadéro, 1/2 s. N.
Sa grand'mère : fille d'Acacia, 1/2 s. N.
La Roche-sur-Yon : depuis 1892.

184. **KASIMIR.** — H. N.
N. 1888. — Loire Inférieure.
Par *Arcole*, 1/2 s. N., et *Césarine*, par Nectar, 1/2 s. N.
Sa grand'mère : fille de Gil-Blas, 1/2 s. N.
Saintes : depuis 1892.

185. **KELLERMANN.** — H. N.
B. 1888. — Charente-Inférieure.
Par *Quibbler*, 1/2 s. N., et *Voltige*, 1/2 s. Char., par Issy, 1/2 s. N.
Sa grand'mère : fille d'Orphéon, 1/2 s. N.
Saintes : depuis 1892.

186. **KHAN** (approuvé). — M. A. Bouillé.
B. 1866. — Vendée.
Par *Necker*, 1/2 s. N., et une 1/2 s. V., par M. de Saint-Jean, P. S. A.
La Roche-sur-Yon : 1870.

187. **KIOSQUE II.** — H. N
B. 1888. — Charente-Inférieure.
Par *Croissant*, P. S. A. A., et *La Douce*, 1/2 s. Char., par Quibbler, 1/2 s. N.
Sa grand'mère : fille d'Obéron, 1/2 s. N.
Saintes : depuis 1892.

188. **LAFLEUR** (approuvé). — M. Reyniers.
Gr. 1857. — Charente.
Père et mère Charentais.
Saintes : 1864.

189. **LA TRÉMOUILLE.** — H. N.
Gr. 1841. — Vienne.
Par *Xénophon*, 1/2 s. N., et une 1/2 s. V., par King, 1/2 s. N.
Saint Maixent : 1845-1846. — La Roche-sur-Yon : 1847-1852.

190. **LE ROUÉ** (approuvé). — M. Joyeux.
Al. 1857. — Vendée.
Par *The Roué*, P. S. A., et une 1/2 s. V., par Fabricius, 1/2 s. N.
La Roche-sur-Yon : 1862-1865.

191. **LUCIFER** (approuvé). — M. Naudin.
B. 1877. — Vendée.
Par *Lapin*, 1/2 s. R., et une 1/2 s. V.
La Roche-sur-Yon : 1881-1882.

192. **LURON** (approuvé). — M. Bluteau.
B. 1852. — Vendée.
Par *Heureux*, 1/2 s. N., et une 1/2 s. V.
La Roche-sur-Yon : 1858-1865.

193. **MADRIGAL** (approuvé). — M. Rabereau.
Al. 1854. — Vendée.
Par *Madrigal*, 1/2 s. N., et une 1/2 s. V.
La Roche-sur-Yon : 1859-1870.

194. **MAGENTA** (approuvé). — M. Blanchard.
Gr. 1857. — Vendée.
Père et mère Vendéens.
Saintes : 1864.

195. **MAREUIL**. — H. N.
B. 1842. — Vendée.
Par *Bon-Ton*, P. S. A., et *Claire*, 1/2 s. V., par Asdrubal, 1/2 s. L.
Saint-Maixent : 1846. — La Roche-sur-Yon : 1847-1849.
Saintes : 1850-1854.

196. **MARTINGALE**. — H. N.
B. 1850. — Charente.
Par *Commodor-Napier*, P. S. A., et *Aricie*, 1/2 s. Char.
Saintes : 1854.

197. **MORICQ**. — H. N.
B. 1844. — Vendée.
Par *Diacre*, 1/2 s. N., et une 1/2 s. V.
La Roche-sur-Yon : 1848-1849 (Lamballe en 1850).

198. **MORICQ II** (approuvé). — M. Ardouin.
B. 1850. — Vendée.
Par *Moricq*, 1/2 s. V., et une 1/2 s. V.
La Roche-sur-Yon : 1855-1857.

199. **N.** (approuvé). — M. Abadie.
Al. 1854.
La Roche-sur-Yon : 1862.

200. **NASICA** (approuvé). — M. H. Pignon.
B. 1869. — Charente-Inférieure.
Par *General-Sherman*, 1/2 s. A., et une 1/2 s. Char., par Emilien, P. S. A.
La Roche-sur-Yon : 1873-1874.

201. **NATIONAL** (approuvé).
M. Bouillé, 1873. — M. Arnauldet, 1874.
B. 1869. — Vendée.
Par *Coral*, 1/2 s. V., et une fille de Dias, 1/2 s. N.
La Roche-sur-Yon : 1873-1878.

202. **NAUCRATE II** (approuvé).
M. Bouillé, 1873. — M. Billy, 1874.
Al. 1869. — Vendée.
Par *Naucrate*, 1/2 s. N., et une 1/2 s. V.
La Roche-sur-Yon : 1873-1874.

203. **NICÉPHORE**. — H. N.
Al. 1869. — Vendée.
Par *Necker*, 1/2 s. N., et une 1/2 s. V., par The Roué, P. S. A.
La Roche-sur-Yon : 1873-1874.

204. **NISUS**. — H. N.
Al. 1887. — Deux-Sèvres.
Par *Amadis*, P. S. A., et une jument poitevine, par Délicat, 1/2 s. N.
Saint-Maixent : 1850-1853.

205. **PAILLASSE**. — H. N.
Al. 1871. — Charente-Inférieure.
Par *Imperator*, 1/2 s. V., et une 1/2 s. Char., par Routier, 1/2 s. N.
Saintes : 1874-1878.

206. **PANURGE**. — H. N.
B. 1840. — Charente-Inférieure.
Par *Fabricius*, 1/2 s. N., et une 1/2 s. Char.
Saintes : 1852-1853.

207. **PARFAIT** (approuvé).
M. H. Pignon, 1877. — M. Pallas, 1878.
B. 1872. — Charente-Inférieure.
Par *Kalife*, 1/2 s. N., et une 1/2 s. Char.
La Roche-sur-Yon : 1877-1879.

208. **PHŒBUS.** — H. N.
Al. 1871. — Charente-Inférieure.
Par *Héliodore*, 1/2 s. N., et *Routière*, 1/2 s. Char., par Routier, 1/2 s. N.
Saintes : 1875-1879.

209. **PIED-DE-CHÊNE.** — H. N.
B. 1851. — Vendée.
Par *Fabricius*, 1/2 s. N., et une 1/2 s. V., par Intact, 1/2 s. N.
La Roche-sur-Yon : 1855-1862.

210. **PIED-DE-CHÊNE** (approuvé).
M. Ch. Crosnier.
Gr. 1861. — Vendée.
Par *Pied-de-Chêne*, 1/2 s. V., et une jument vendéenne, par Liversay (poitevin).
La Roche-sur-Yon : 1865-1873.

211. **PIONNIER.** — H. N.
Al. 1871. — Vendée.
Par *Karibon*, 1/2 s. N., et une 1/2 s. V., par Intact, 1/2 s. N.
La Roche-sur-Yon : 1875-1886.

212. **PLAISANT.** — H. N.
B. 1830. — Charente-Inférieure.
Saint-Maixent : 1843-1847.

213. **QUADRILLE.** — H. N.
B. 1872. — Vendée.
Par *Carême*, 1/2 s. N., et une 1/2 s. A.
La Roche-sur-Yon : 1876-1891.

214. **QUAND-MÊME.** — H. N.
B. 1872. — Charente-Inférieure.
Par *Platoff*, 1/2 s. R., et une 1/2 s. Char., par Alerte, P. S. A.
Saintes : 1876-1889.

215. **QUESNOY.** — H. N.
Al. 1872. — Vendée.
Par *John-Bull*, 1/2 s. N., et une 1/2 s. V., par Necker, 1/2 s. N.
La Roche-sur-Yon : 1876.

216. **QUINCONCE.** — H. N.
Al. 1872. — Vendée.
Par *Kapirat II*, 1/2 s. N., et une 1/2 s. V., par The Roué, P. S. A.
La Roche-sur-Yon : 1876-1884.

217. **QUOMODO**, ex-**QUATERNE**. — H. N.
B. 1872. — Vendée.
Par *Houdon*, 1/2 s. N., et une 1/2 s. V., par Amadis, P. S. A.
Sa grand'mère : fille de Cuirassier, 1/2 s. N.
La Roche-sur-Yon : 1876-1884.

218. **RACINE**. — H. N.
Al. 1873. — Vendée.
Par *Jambes-d'Argent*, 1/2 s. N., et une 1/2 s. V., par Acacia, 1/2 s. N.
Sa grand'mère : 1/2 s. V., par The Roué, P. S. A.
La Roche-sur-Yon : 1877-1887.

219. **RADICAL**. — H. N.
B. 1873. — Charente-Inférieure.
Par *Kalbrenner*, 1/2 s. N., et une 1/2 s. Char.
Saintes : 1877-1883.

220. **RADIUS**. — H. N.
N. 1873. — Vendée.
Par *Kabasson*, 1/2 s. N., et une fille de Commodor-Napier, P. S. A.
La Roche-sur-Yon : 1877-1880.

221. **RAPHAEL** (approuvé). — M. Bouillé, 1877.
M. Trouvé, 1878.
Ro. 1873. — Vendée.
Par *Jambes-d'Argent*, 1/2 s. N., et une 1/2 s. V.
La Roche-sur-Yon : 1877-1885.

222. **RÉAUMUR**. — H. N.
B. 1846. — Vendée.
Par *Isly*, P. S. Ar., et une 1/2 s. V.
Saint-Maixent : 1849. — Saintes : 1850-1851.

223. **RÉAUMUR**, ex-**RABELAIS**. — H. N.
Al. 1873. — Charente-Inférieure.
Par *Héliodore*, 1/2 s. N., et une 1/2 s. N.
Saintes : 1877-1879.

224. **RÉGENT**. — H. N.
F. P. 1873. — Charente-Inférieure.
Par *Kalbrenner*, 1/2 s. N., et une 1/2 s. Char.
Saintes : 1876-1885.

225. **REMEMBER**. — H. N.
B. 1873. — Charente-Inférieure.
Par *Héliodore*, 1/2 s. N., et une 1/2 s. Char., par Egée, 1/2 s. N.
Saintes : 1876-1888.

226. **RÉVEILLÉ**. — H. N.
Al. 1873. — Charente-Inférieure.
Par *Imperator*, 1/2 s. V., et une 1/2 s. Char., par Misanthrope, 1/2 s. N.
Saintes : 1877.

227. **REX** — H. N.
N. 1873. — Charente-Inférieure.
Par *Héliodore*, 1/2 s. N., et une 1/2 s. Char., par Herculanum, 1/2 s. N.
Saintes : 1877-1891.

228. **RIEZ** (approuvé). — M. P. Bernard.
B. 1856. — Vendée.
Par *Naucrate*, 1/2 s. N., et une 1/2 s. V.
La Roche-sur-Yon : 1860-1864.

229. **ROB-ROY**. — H. N.
B. 1873. — Vendée.
Par *Lion*, 1/2 s. N., et une 1/2 s. V., par Black-Eyes, P. S. A.
La Roche-sur-Yon : 1877-1884.

230. **ROCHEFORT**. — H. N.
Gr. 1839. — Deux-Sèvres.
Par *King-Henry*, 1/2 s. A., et une 1/2 s. N.
Saint-Maixent : 1845-1846. — La Roche-sur-Yon : 1847.

231. **RODOMONT** — H. N.
B. 1873. — Charente-Inférieure.
Par *Cauvicourt*, 1/2 s. N., et une 1/2 s. Char., par Boëldieu, 1/2 s. N.
Saintes : 1877-1891.

232. **ROMÉO**. — H. N.
B. 1873. — Charente-Inférieure.
Par *Héliodore*, 1/2 s. N., et une 1/2 s. Char.
La Roche-sur-Yon : 1877-1880.

233. **ROMUALD**. — H. N.
Ro. 1873. — Vendée.
Par *Lahire*, 1/2 s. N., et une 1/2 s. V., par Jambes-d'Argent, 1/2 s. N.
La Roche-sur-Yon : 1877-1886.

234. **ROMULUS.** — H. N.
B. 1873. — Charente-Inférieure.
Par *Platoff*, 1/2 s. R., et une fille de Lamborn, 1/2 s. Big.
Saintes : 1877-1878.

235. **ROQUELAURE.** — H. N.
B. 1873. — Vendée.
Par *Lahire*, 1/2 s. N., et une 1/2 s. V., par Necker, 1/2 s. N.
La Roche-sur-Yon : depuis 1877.

236. **ROVIGO.** — H. N.
Al. 1873. — Vendée.
Par *Kapirat II*, 1/2 s. N., et une 1/2 s. V., par Acacia, 1/2 s. N.
La Roche-sur-Yon : 1877-1890.

237. **RUBENS.** — H. N.
Al. 1873. — Vendée.
Par *Black-Eyes*, P. S. A., et une 1/2 s. V., par Henri IV, 1/2 s. N.
La Roche-sur-Yon : 1877-1883.

238. **SAINT-AGNANT** (approuvé). — M. Sauvé.
B. 1859. — Vendée.
Par *Lyle* ou *Cornichon II*, 1/2 s. V., et une jument V.
Saintes : 1863-1874.

239. **SAINT-AGNANT II** (approuvé). — M. Sauvé.
B. 1870. — Charente-Inférieure.
Par *Bissextil*, P. S. A., et une jument Char.
Saintes : 1873-1876.

240. **SAINT-GERVAIS.** — H. N.
B. 1841. — Vendée.
Par *Y. Emilius*, P. S. A., et une jument poitevine.
Saint-Maixent : 1846. — La Roche-sur-Yon : 1847-1865.

241. **SAINT-LAURENT.** — H. N.
Al. 1874. — Charente-Inférieure.
Par *Héliodore*, 1/2 s. N., et une 1/2 s. Char., par Routier, 1/2 s. N.
Saintes : 1878-1885.

242. **SAINT-MICHEL.** — H. N.
Ro. 1870. — Vendée.
Par *Jambes-d'Argent*, 1/2 s. N., et une fille de Douglas, 1/2 s. V.
La Roche-sur-Yon : 1874-1878.

243. **SALLERTAINE.** — H. N.
Gr. 1848. — Vendée.
Par *Cornichon*, 1/2 s. N., et *Gloriette*, 1/2 s. V., par Glorieux, 1/2 s. N.
La Roche-sur-Yon : 1852-1858.

244. **SAMSON.** — H. N.
Al. 1874. — Vendée.
Par *Kapirat II*, 1/2 s. N., et une 1/2 s. V., par Barbe-Bleue, 1/2 s. N.
Sa grand'mère : fille d'Alisor, 1/2 s. N.
La Roche-sur-Yon : depuis 1878.

245. **SAUJONNAIS.** — H. N.
B. 1874. — Charente-Inférieure.
Par *Joyau*, 1/2 s. N., et une 1/2 s. Char., par Mériadec, P. S. A.
Saintes : 1878-1889.

246. **SCARAMOUCHE.** — H. N.
Ro. 1874. — Vendée.
Par *Jambes-d'Argent*, 1/2 N., et Macbeth (irlandaise).
La Roche-sur-Yon : 1878-1885.

247. **SCARRON**, ex-**SAPHIR.** — H. N.
B. 1874. — Loire-Inférieure.
Par *Malthus*, 1/2 s. N., et une 1/2 s. V., par Necker, 1/2 s. N.
Sa grand'mère : 1/2 s. V., par Copper Captain, P. S. A.
La Roche-sur-Yon : 1878-1879.

248. **SÉDUISANT.** — H. N.
B. 1874. — Vendée.
Par *Julien*, 1/2 s. N., et une 1/2 s. V., par Necker, 1/2 s. N.
Sa grand'mère : fille de Douglas, 1/2 s. V.
La Roche-sur-Yon : 1878-1888.

249. **SÉNATEUR.** — H. N.
B. 1874. — Charente-Inférieure.
Par *Klauck*, 1/2 s. N., et une 1/2 s. Char.
Saintes : 1878-1888.

250. **SINOPE.** — H. N.
B. 1852. — Vendée.
Par *Chesterfield-Junior*, P. S. A., et une 1/2 s. V.
Saintes : 1856-1861.

251. **SIR-JOHN** (approuvé). — M. Richard.
Saintes : 1877-1879.

252. **SKATING**, ex-**SALVATOR**. — H. N.
Al. 1873. — Vendée.
Par *Jambes-d'Argent*, 1/2 s. N., et une 1/2 s. V., par The Roué, P. S. A.
La Roche-sur-Yon : 1878-1883.

253. **SLAVE**, ex-**SÉDUISANT**. — H. N.
Al. 1874. — Vendée.
Par Néflier, 1/2 s. N., et une 1/2 s. V., par Hargneux, 1/2 s. N.,
La Roche-sur-Yon : 1878-1884.

254. **SOLIDE**. — H. N.
B. 1874. — Vendée.
Par *Lahire*, 1/2 s. N., et une 1/2 s. V., par Necker, 1/2 s. N.
Sa grand'mère : 1/2 s. V., par Amadis, P. S. A.
La Roche-sur-Yon : 1878-1887.

255. **SOPHOCLE**, ex-**SÉDUCTEUR**. — H. N.
B. 1874. — Vendée.
Par *Douglas*, 1/2 s. V. ou *Novus*, 1/2 s. N., et une fille de Pied-de-Chêne, 1/2 s. V.
La Roche-sur-Yon : 1878-1887.

256. **SOUBISE**, ex-**SULTAN**. — H. N.
Ro. 1874. — Vendée.
Par *John-Bull* ou *Jambes-d'Argent*, 1/2 s. N., et une 1/2 s. V., par Black-Eyes, P. S. A.
Sa grand'mère : fille de Parfait, 1/2 s. N.
Sa bisaïeule : jument orientale.
La Roche-sur-Yon : 1878-1882.

257. **SOULOUQUE**. — H. N.
B. 1870. — Vendée.
Par *Jambes-d'Argent*, 1/2 s. N., et une fille de Cornichon, 1/2 s.V.
La Roche-sur-Yon : 1874-1882.

258. **SPAHIS**. — H. N.
B. 1874. — Vendée.
Par *Jambes-d'Argent*, 1/2 s. N., et une fille de Pied-de-Chêne, 1/2 s. V.
Sa grand'mère : fille d'Isigny, 1/2 s. N.
La Roche-sur-Yon : 1878-1880.

259. **SPÉCIMEN**. — H. N.
B. 1874. — Charente-Inférieure.
Par *Nezel*, 1/2 s. N., et une 1/2 s. Char., par Carmin, 1/2 s. N.
Saintes : depuis 1878.

260. **SULLY**. — H. N.
B. 1874. — Charente-Inférieure.
Par *Platoff*, 1/2 s. R., et une 1/2 s. Char., par Lamborn, 1/2 s. Big.
Saintes : 1878-1890.

261. **SYLVIO** (approuvé). — M. J. Robert.
B. 1874. — Charente.
Par *Nezel*, 1/2 s. N., et une 1/2 s. Char., par Emilien, P. S. A.
La Roche-sur-Yon : depuis 1878.

262. **TAMARIN**. — H. N.
Ro. 1875. — Charente-Inférieure.
Par *Ordinal*, 1/2 s. N., et une fille de Misanthrope, 1/2 s. N.
Saintes : 1879-1886.

263. **TATIUS**, ex-**TRAMWAY**. — H. N.
B. 1875. — Charente-Inférieure.
Par *Wolfram*, P. S. A., et une 1/2 s. Char.
Saintes : depuis 1880.

264. **THE ROUÉ** (approuvé). — M. Thomassin.
Al. 1857. — Né dans la circonscription.
Par *The Roué*, P. S. A.
La Roche-sur-Yon : 1867.

265. **TINTAMARRE** (approuvé).
M. Bouillé Antonin, 1880. — M. Auger.
B. 1875. — Charente-Inférieure.
Par *Nessus*, 1/2 s. N., et une 1/2 s. Char.
La Roche-sur-Yon : 1870. — Saintes : depuis 1880.

266. **TIVOLI**. — H. N.
B. 1875. — Vendée.
Par *Marignan*, P. S. A., et une fille de Necker, 1/2 s. N.
La Roche-sur-Yon : 1879-1887.

267. **TITAN**, ex-**CHAILLÉ**. — H. N.
N. 1847. — Vendée.
Par *Isly*, P. S. Ar., et une 1/2 s. V., par King, 1/2 s. N.
La Roche-sur-Yon : 1850-1862.

268. **TORÉADOR**. — H. N.
Al. 1875. — Charente-Inférieure.
Par *Montbars*, P. S. A., et une 1/2 s. Char., par Piedestal, P. S. A.
Saintes : 1879-1883.

269. **TRAVAILLEUR** (approuvé). — M. E. de Pully.
B. 1859. — Vendée.
Par un 1/2 s. V.
Saint-Maixent : 1865-1867.

270. **TRIBUN**. — H. N.
Al. 1875. — Charente-Inférieure.
Par *Ordinal*, 1/2 s. N., et une 1/2 s., fille de Bissextil, P. S. A.
Saintes : depuis 1879.

271. **TRITON** (approuvé). — M. Bouillé Antonin.
Gr. 1875. — Charente-Inférieure.
Par *Ibrahim*, 1/2 s. N.
La Roche-sur-Yon : 1879.

272. **TROMPEUR**. — H. N.
B. 1875. — Charente-Inférieure.
Par *Liber*, 1/2 s. N., et une fille de Vitumnus, 1/2 s. N.
Saintes : 1879-1885.

273. **TUNIS**. — H. N.
Ro. 1875. — Vendée.
Par *Karibon*, 1/2 s. N., et une fille d'Intact, 1/2 s. N.
La Roche-sur-Yon : 1879-1886.

274. **TURENNE**. — H. N.
Ro. 1875. — Vendée.
Par *Jambes-d'Argent*, 1/2 s. N., et une fille de Karibon, 1/2 s. N.
La Roche-sur-Yon : 1879-1887.

275. **UBEXY**, ex-**UNIQUE**. — H. N.
Al. 1876. — Charente-Inférieure.
Par *Avant-Garde*, P. S. A., et une 1/2 s. Char., par Héliodore, 1/2 s. N.
Saintes : 1880-1883.

276. **UCHARD**, ex-**USAGER**. — H. N.
B. 1876. — Vendée.
Par *Novus*, 1/2 s. N., et une fille de Parfait, 1/2 s. N.
La Roche-sur-Yon : 1880-1885.

277. **ULSTER**, ex-**UGOLIN**. — H. N.
B. 1876. — Vendée.
Par *Kapirat II*, 1/2 s. N., et une fille de Isocrate, 1/2 s. N.
La Roche-sur-Yon : 1880-1883.

278. **ULTÉRIN**. — H. N.
B. 1876. — Charente-Inférieure.
Par *Montbars*, P. S. A., et une fille de Joubert, 1/2 s. N.
Saintes : 1880-1886.

279. **ULTIMO**, ex-**ULRICH**. — H. N.
Al. 1876. — Vendée.
Par *Raz-el-Abiad*, P. S. Ar., et une fille de Farfadet, 1/2 s. N.
La Roche-sur-Yon : depuis 1880.

280. **UNILATÉRAL**, ex-**ULRICH**.
(Approuvé en 1880. — M. Bouillé). — H. N. 1881.
B. 1876. — Charente-Inférieure.
Par *Montbars*, P. S. A., et une 1/2 s., concédée par l'Etat.
La Roche-sur-Yon : 1880-1886.

281. **UNIQUE**. — H. N.
B. 1846. — Vendée.
Par *Unique*, 1/2 s. N., et une 1/2 s. V.
Saint-Maixent : 1851-1859.

282. **UNITAIRE**, ex-**ULTOR**. — H. N.
Al. 1876. — Vendée.
Par *Glaneur*, P. S. A., et une 1/2 s., concédée par l'Etat.
La Roche-sur-Yon : depuis 1880.

283. **UNIVERSEL** (approuvé). — M. Beaujault.
Al. 1876. — Charente-Inférieure.
Par *Phœbus*, 1/2 s. V. et une 1/2 s. Char.
La Roche-sur-Yon : 1880-1882.

284. **UNUS**, ex-**UN**. — H. N.
B. 1876. — Vendée.
Par *Pluton*, 1/2 s. N., et une fille de Cornichon, 1/2 s. N.
La Roche-sur-Yon : 1880-1882.

285. **URFÉ**. — H. N.
B. 1876. — Charente-Inférieure.
Par *Ordinal*, 1/2 s. N., et une 1/2 s. Char., par Misanthrope, 1/2 s. N.
La Roche-sur-Yon : depuis 1880.

286. **URUS** (approuvé). — M. Robert.
Al. 1876. — Charente-Inférieure.
Par *Avant-Garde*, P. S. A., et une 1/2 s. Char.
La Roche-sur-Yon : 1880-1881.

287. **URVILLE**. — H. N.
N. 1876. — Charente-Inférieure.
Par *Montbars*, P. S. A., et une fille de Lucifer, 1/2 s. N.
La Roche-sur-Yon : 1880-1891.

288. **USURPATEUR**. — H. N.
Al. 1876. — Vendée.
Par *Jupiter*, 1/2 s. N., et une 1/2 s., par Isly, P. S. Ar.
La Roche-sur-Yon : depuis 1880.

289. **VAINDE** (approuvé). — M. Auger.
B. 1877. — Charente-Inférieure.
Par *Liber*, 1/2 s. N., et une fille de Routier, 1/2 s. N.
Saintes : 1881-1887.

290. **VAISSEAU**, ex-**VERT-GALANT**. — H. N.
Al. 1877. — Vendée.
Par *Kapirat II*, 1/2 s. N., et une fille de Royal-Quand-Même, P. S. A.
Sa grand'mère, par John-Bull, 1/2 s. N.
La Roche-sur-Yon : depuis 1881.

291. **VALAIS**, ex-**VOLTAIRE**.— H. N.
B. 1877. — Charente.
Par *Montbars*, P. S. A., et une fille de Rubini, 1/2 s. N.
La Roche-sur-Yon : 1881-1885.

292. **VALDAÏ**, ex-**VENDÉEN**. — H. N.
Al. 1877. — Vendée.
Par *Glaneur*, P. S. A., et une fille de Necker, 1/2 s. N.
Saintes : 1881-1883.

293. **VALENCIENNES**, ex-**VOLGA**. — H. N.
Al. 1877. — Vendée.
Par *Kapirat II*, 1/2 s. N., et une fille de Julien, 1/2 s. N.
Sa grand'mère : fille de Gainsborough, 1/2 s. A.
La Roche-sur-Yon : depuis 1881.

294. **VALIDE**. — H. N.
B. 1877. — Charente.
Par *Quibbler*, 1/2 s. N., et une fille de Lucifer, 1/2 s. N.
La Roche-sur-Yon : depuis 1881.

295. **VAN-DIÉMEN**, ex-**VOLTAIRE II**. — H. N.
Al. 1877. — Vendée.
Par *Black-Eyes*, P. S. A., et une fille de Lahire, 1/2 s. N.
Sa grand'mère : fille de Necker, 1/2 s. N.
La Roche-sur-Yon : 1881-1882.

296. **VAN-DICK**. — H. N.
B. 1877. — Vendée.
Par *Prince-Royal*, 1/2 s. A. ou *Nique*, 1/2 s. N., et une 1/2 s., fille de Black-Eyes, P. S. A.
La Roche-sur-Yon : 1881-1887.

297. **VANITÉ**, ex-**VERMEIL**. — H. N.
Al. 1877. — Vendée.
Par *Kapirat II*, 1/2 s. N., et une fille de Vulgaire ou Acacia, 1/2 s. N.
Sa grand'mère : fille d'Isigny, 1/2 s. N.
La Roche-sur-Yon : depuis 1881.

298. **VANVES**, ex-**VOLTIGEUR**. — H. N.
B. 1877. — Vendée.
Par *Méssager*, 1/2 s. N., et une fille de Madrigal, 1/2 s. N.
Saintes : 1881-1885.

299. **VAURIEN**. — H. N.
Al. 1877. — Loire-Inférieure.
Par *Florin*, P. S. A., et une jument de 1/2 s., concédée par la Guerre.
La Roche-sur-Yon : 1881-1885.

300. **VENDÉEN**. — H. N.
B. 1838. — Vendée.
Par *Jonas*, P. S. A., et une fille de Victory, 1/2 s. N.
Saint-Maixent : 1842-1845.

301. **VENTURE**. — H. N.
B. 1861. — Vendée.
Saintes : 1865-1869.

302. **VERMOUTH**. — H. N.
B. 1877. — Charente-Inférieure.
Par *Quibbler*, 1/2 s. N., et une fille de Misanthrope, 1/2 s N.
Saintes : depuis 1881.

303. **VERROU**, ex-**VOLONTAIRE**. — H. N.
Al. 1877. — Vendée.
Par *Quinconce*, 1/2 s. N., et une fille de Necker, 1/2 s. N.
Saintes : depuis 1881.

304. **VERRUYS** (approuvé). — M. Mercier.
B. 1860. — Vendée.
Par *Cornichon*, 1/2 s. N., et une fille d'Intact, 1/2 s. N.
La Roche-sur-Yon : 1864-1865.

305. **VIENNOIS**. — H. N.
Al. 1848. — Vendée.
Par *Amadis*, P. S. A., et une 1/2 s. V.
Saint-Maixent : 1851-1853.

306. **VIGILANT** (approuvé).— M. Bouillé, 1881. — M. Proust du Courteil, 1883.
B. 1877. — Charente-Inférieure.
Par *Pratique*, P. S. A., et une 1/2 s. Char.
La Roche-sur-Yon : 1881.— Saintes : 1882. — La Roche-sur-Yon : 1883-1885.

307. **VILLAGEOIS** (approuvé). — M. E. de Pully.
B. 1859. — Vendée.
La Roche-sur-Yon : 1864-1866.

308. **VIOLON**. — H. N.
B. 1877. — Charente-Inférieure.
Par *Orphéon*, 1/2 s. N., et une fille de Brededdin, P. S. Ar.
Saintes : depuis 1881.

309. **VOLTIGEUR** (approuvé). — M. Goumard
Al. 1876. — Vienne.
Par *Prodige*, 1/2 s. N., et une jument poitevine.
Saintes : 1881-1886.

310. **VRIGNAUD**. — H. N.
B. 1848. — Vendée.
Par *Prince-Eugène*, P. S A. A., et une fille de Régent, 1/2 s. N.
La Roche-sur-Yon : 1850-1869.

311. **VULTRA** (approuvé). — M. Delfroux.
B. 1877. — Charente.
Par *Quand-Même*, 1/2 s. N., et une fille de Nivose, 1/2 s. N.
Saintes : 1888-1889.

312. **Y. AMADIS.** — H. N.
Al. 1849. — Vendée.
Par *Amadis*, P. S. A., et *Eugénie*, 1/2 s. N., par Tigris, P. S. A.
La Roche-sur-Yon : 1852-1870.

313. **Y. BON-TON.** — H. N.
Al. 1844. — Vendée.
Par *Bon-Ton*, P. S. A., et une 1/2 s. V., par Asdrubal, 1/2 s. L.
La Roche-sur-Yon : 1848-1849. — Villeneuve : 1849.

314. **Y. CADLAND.** — H. N.
B. 1849. — Charente-Inférieure.
Par *Y. Nautilus*, P. S. A., et une fille de *Ticliche*, 1/2 s. A.
Saintes : 1853-1857.

315. **Y. GAMBETTI.** — H. N.
B. 1855. — Vendée.
Par *Gambetti*, P. S. A., et une 1/2 s., par Mameluke, P. S. A.
La Roche-sur-Yon : 1859-1861.

316. **Y. INTACT.** — H. N.
Gr. 1856. — Vendée.
Par *Intact*, 1/2 s. N., et une fille de Forfait, 1/2 s. N.
La Roche-sur-Yon : 1860.

317. **Y. MALTON** (approuvé). — M. Bouillé.
B. 1860. — Vendée.
Par *Malton*, P. S. A., et une fille de Cornichon, 1/2 s. N.
La Roche-sur-Yon : 1864.

318. **Y. NECKER** (approuvé). — M. Diet.
B. 1866. — Vendée.
Par *Necker*, 1/2 s. N., et une fille d'Incomparable, 1/2 s. N.
La Roche-sur-Yon : 1871.

319. **Y. UKASE** (approuvé). — M. Gauvreau.
Al. 1870. — Vendée.
Par *Ukase*, 1/2 s. N., et une fille d'Isigny, 1/2 s. N.
Sa grand'mère : 1/2 s., par Brocardo, P. S. A.
La Roche-sur-Yon : 1874.

320. **Y. UNIQUE.** — H. N.
B. 1841. — Deux-Sèvres.
Par *Unique*, 1/2 s. N., et une 1/2 N.
Saint-Maixent : 1846. — Villeneuve : 1847.

2°

ÉTALONS

IMPORTÉS DANS LES CIRCONSCRIPTIONS DE LA ROCHE-SUR-YON ET DE SAINTES

ÉTALONS

Importés dans les Circonscriptions de la Roche-sur-Yon et de Saintes.

---

321. **ABBEVILLE**, 1/2 s. N. — H. N.
B. 1878. — Manche.
Par *Nadel*, 1/2 s. N., et *Castille*, par Volant, 1/2 s. N.
Saintes : 1883-1885.

322. **ACACIA**, 1/2 s. N. — H. N.
Al. 1856. — Calvados.
Par *Parfait*, 1/2 s. N., et *Glycine*, par Faliéro, 1/2 s. N.
La Roche-sur-Yon : 1860-1871.

323. **AI**, 1/2 s. N. — H. N.
B. 1836. — France.
Par *Y. Rattler*, 1/2 s. A., et une fille de Cleveland, 1/2 s. A.
La Roche-sur-Yon : 1847.

324. **AJACCIO**, 1/2 s. N. — H. N.
B. 1835. — France.
Par *Napoléon*, P. S. A., et *Calliope*, 1/2 s. N., par Y. Rattler, 1/2 s. A.
La Roche-sur-Yon : 1848.

325. **ALASCO**, 1/2 s. A. — H. N.
B. 1823. — Angleterre.
Par *Guy-Mannering*, 1/2 s. A., et une fille de Gibraltar, 1/2 s. A.
La Roche-sur-Yon : 1840-1843.

326. **ALBERT**, 1/2 s. N. — H. N.
B. 1856. — Calvados.
Par *Myrthe*, 1/2 s. N., et une 1/2 s. N., par Ramsay, P. S. A.
Saintes : 1860-1864.

327. **ALBRANT**, 1/2 s. — H. N.
B. 1878. — Maine-et-Loire.
Par *Normand*, 1/2 s. N., et une fille de Noteur ou Abrantès, 1/2 s. N.
La Roche-sur-Yon : depuis 1882.

328. **ALCESTE**, 1/2 s. N. — H. N.
B. 1856. — Calvados.
Par *Sully*, 1/2 s. N., et une fille de Voltaire, 1/2 s. N.
Saintes : 1860-1878.

329. **ALEXANDER**, 1/2 s. A. — H. N.
B. 1833. — Angleterre.
Par *West-By*, P. S. A., et *Alexandra*, jument du Cleveland, fille de Clewick, 1/2 s. A.
Saint-Maixent : 1844-1846. — La Roche-sur-Yon : 1847-1852.

330. **ALI**, 1/2 s. Barbe (approuvé). — M. Touzeau.
Gr. 1853. — Afrique.
Saintes : 1861-1866.

331. **ALISOR**, 1/2 s. N. — H. N.
Al. 1834. — Normandie.
Par *Y. Rattler*, 1/2 s. A., et *Mélissa*, par Edgard, 1/2 s. N.
Saint-Maixent : 1844-1846. — La Roche-sur-Yon : 1847-1856.

332. **ALVIGNAC**, 1/2 s. Big. — H. N.
B. 1876. — Lot.
Par *Kali*, 1/2 s. N., et une fille de Y. Baba, 1/2 s. Ar.
Saintes : 1880-1887.

333. **AMADIS**, 1/2 s. N. — H. N.
B. 1878. — Manche.
Par *Nadar*, 1/2 s. N., et une fille de Beaumanoir, 1/2 s. N.
La Roche-sur-Yon : depuis 1882.

334. **AMEN**, 1/2 s. N. — H. N.
B. 1865. — Normandie.
Par *Parfait*, 1/2 s. N., et une 1/2 s. N.
La Roche-sur-Yon : 1871.

335. **AMILCAR**, ex-**AMEN**, 1/2 s. N. — H. N.
B. 1878. — Orne.
Par *Quiclet*, 1/2 s. N., et une fille de Solide, par Gall, 1/2 s. N
La Roche-sur-Yon : 1882-1890.

336. **ANCELOT**, 1/2 s. N. — H. N.
B. 1856. — Manche.
Par *Adolphus*, P. S. A., et *Amanda*, 1/2 s. N., par Don-Quichotte, P. S. A. A.
La Roche-sur-Yon : 1860.

337. **ANCENIS**, 1/2 s. (approuvé).
M. Aillery.
B. 1861. — Mayenne.
Par *Solide*, 1/2 s. N.
La Roche-sur-Yon : 1865-1875.

338. **APOTRE**, 1/2 s. N. — H. N.
B. 1856. — Orne.
Par *Général*, 1/2 s. N., et *Concorde*, par Emule, 1/2 s. N.
La Roche-sur-Yon : 1860.

339. **ARCAS**, 1/2 s. N. — H. N.
B. 1855. — Normandie.
Par *Talma*, 1/2 s. A., et *Justine*, 1/2 s. N., par Y. Topper, 1/2 s. A.
Saint-Maixent : 1843-1845.

340. **ARCHITECTE**, 1/2 s. N. — H. N.
Al. 1878. — Manche.
Par *Ugolin*, 1/2 s. N., et une 1/2 s. N., par The Heir-of-Linne. P. S. A.
La Roche-sur-Yon : depuis 1882.

341. **ARCIS**, 1/2 s. N. — H. N.
B. 1856. — Manche.
Par *Assault*, P. S. A., et une fille de Namur, 1/2 s. N.
Saint-Maixent : 1860-1863.

342. **ARCOLE**, 1/2 s. N. — H. N.
B. 1878. — Eure.
Par *Quinola*, 1/2 s. N., et une fille d'Ipsilanty, 1/2 s. N.
La Roche-sur-Yon : depuis 1882.

343. **ARDOISÉ**, 1/2 s. N. — H. N.
Gr. 1835. — Normandie.
Par *Pretender*, 1/2 s. A., et une fille de Dominant, 1/2 s. N.
Saint-Maixent : 1852-1856.

344. **ARREAU**, 1/2 s. N. — H. N.
B. 1856. — Manche.
Par *Piquillo*, 1/2 s. N., et une 1/2 s. N.
Saint-Maixent : 1861-1862.

345. **ARTHUS**, 1/2 s. N. — H. N.
B. 1834. — Normandie.
Par *Bob-Warwick*, 1/2 s. A., et *Catherine*, 1/2 s. N., par Pope, 1/2 s. A.
Saint-Maixent : 1843-1846. — La Roche-sur-Yon : 1847-1850.
Saintes : 1850-1852.

346. **ASDRUBAL**, 1/2 s. L. — H. N.
Gr. 1827. — Limousin.
Par *Haleby*, P. S. Ar., et *La Supérieure*, 1/2 s. L., par Supérieur, 1/2 s. Ar.
Saint-Maixent : 1841-1846. — La Roche-sur-Yon : 1847-1852.

347. **AUGUSTE**, 1/2 s. N. — H. N.
B. 1856. — Calvados.
Par *Wanderer*, 1/2 s. A., et une fille de Montaigne, 1/2 s. N.
Saintes : 1860-1868.

348. **AVRICOURT**, 1/2 s. N. — H. N.
B. 1878. — Orne.
Par *Racoleur*. 1/2 s. N., et *Cyclope*, 1/2 s. N., par Trouville, P. S. A.
Saintes : depuis 1882.

349. **AZOFF**, 1/2 s. N. — H. N.
B. 1856. — Manche.
Par *Raglan*, 1/2 s. N., et *Criméenne*, par Débardeur, 1/2 s N.
La Roche-sur-Yon : 1860-1870.

350. **BACON**, ex-**BALLON**, 1/2 s. N. — H. N.
B. 1879. — Manche.
Par *Kabin*, 1/2 s. N., et une fille de Séduisant, 1/2 s. N.
La Roche-sur-Yon : depuis 1883.

351. **BACON**, 1/2 s. N. — H. N.
B. 1857. — Calvados.
Par *Trouvn*, 1/2 s. N., et une fille d'Homère, 1/2 s. N.
Saintes : 1861-1865.

352. **BALKAN**, 1/2 s. — H. N.
B. 1828.
Par *Easton*, P. S. A., et *Popsi*, jument irlandaise.
Saint-Maixent : 1836-1843.

353. **BAMBOULA**, 1/2 s. N. — H. N.
B. 1879. — Manche.
Par *Siroc*, 1/2 s. N., et une fille d'Ugolin, 1/2 s. N.
La Roche-sur-Yon : 1883-1885.

354. **BARBE-BLEUE**, 1/2 s. N. — H. N.
B. 1857. — Normandie.
Par *Troarn*, 1/2 s. N., et *Anne*, par Montaigne, 1/2 s. N
La Roche-sur-Yon : 1861-1864.

355. **BARBIER**, 1/2 s. N. — H. N.
B. 1857. — Orne.
Par *Prince-Colibri*, P. S. A., et une fille d'Hospodar, 1/2 s. N.
Saintes : 1861-1862.

356. **BARON**, 1/2 s. N. — H. N.
B. 1879. — Orne.
Par *Officier*, *Pimpant* ou *Sabord*, 1/2 s. N., et une fille d'Héliotrope, 1/2 s. N.
La Roche-sur-Yon : depuis 1883.

357. **BARONNET**, 1/2 s. A. — H. N.
B. 1831. — Angleterre.
Par *Trance*, P. S. A., et *Daryniaud mare*, par Daryniaud, 1/2 s. A.
La Roche-sur-Yon : 1839-1850.

358. **BARRAS**, 1/2 s. N. — H. N.
B. 1857. — Normandie.
Par *Québec*, 1/2 s. N., et *Dorade*, par Dorus, 1/2 s. N.
La Roche-sur-Yon : 1861.

359. **BASTION**, 1/2 s. N. — H. N.
B. 1835. — Normandie.
Par *Oscar*, 1/2 s. N., et *Citadelle*, par Impérieux, 1/2 s. N.
Saint-Maixent : 1840-1849.

360. **BATAILLON**, 1/2 s. N. — H. N.
B. 1835. — Normandie.
Par *Prosélyte*, 1/2 s. A., et *Guerrière*, 1/2 s. N., par Lucholl, 1/2 s. A.
Saint-Maixent : 1839-1841.

361. **BAUDRILLART**, 1/2 s. N. — H. N.
B. 1857. — Normandie.
Par *Pledge*, 1/2 s. N., et *Victorieuse*, par Képi, 1/2 s. N.
La Roche-sur-Yon : 1861-1863.

362. **BAYARD**, 1/2 s. (approuvé). — M. Lebrun.
Gr. 1877. — Maine.
Par *Profond*, 1/2 s. N., et une jument bretonne.
La Roche-sur-Yon : 1882-1886.

363. **BEAUDIGNAN**, 1/2 s. Big. — H. N.
Al. 1874. — Gers.
Par *Pipe-en-Bois*, P. S. A., et une 1/2 s. Big., par Djeffé, P. S. Ar.
Saintes : 1879-1888.

364. **BEAUHARNAIS**, 1/2 s. N. — H. N.
B. 1879. — Calvados.
Par *Qu'en-pensez-vous* ou *Rostrum*, 1/2 s. N., et une fille de Léotard, 1/2 s. N.
La Roche-sur-Yon : 1883-1884.

365. **BEAUJON**, 1/2 s. — H. N.
Al. 1857. — Allier.
Par *Phosphore*, 1/2 s. N., et une 1/2 s., par Gaspardo, P. S. A.
Saintes : 1861-1864.

366. **BEAUREGARD**, 1/2 s. N. — H. N.
Al. 1879. — Orne.
Par *Jactator*, 1/2 s. N., et une fille de Vicomte, 1/2 s. N.
La Roche-sur-Yon : depuis 1883.

367. **BÉGONIA**, 1/2 s. N. — H. N.
B. 1879. — Calvados.
Par *Noville*, 1/2 s. N., et *Cendrillon*, par Conquérant, 1/2 s. N.
La Roche-sur-Yon : 1885-1890. — Lamballe : 1891.

368. **BÉLISAIRE**, 1/2 s. N. — H. N.
B. 1857. — Calvados.
Par *Printemps*, 1/2 s. N., et une fille de Ganymède, 1/2 s. N.
Saintes : 1861-1864.

369. **BERNADOTTE**, 1/2 s. N. — H. N.
N. 1879. — Calvados.
Par *Phare*, 1/2 s. N., et une fille de Sancho, 1/2 s. N.
La Roche-sur-Yon : depuis 1883.

370. **BÉZIERS**, 1/2 s. N. — H. N.
B. 1879. — Calvados.
Par *Léotard*, 1/2 s. N., et une fille de Lord, 1/2 s. N.
La Roche-sur-Yon ; depuis 1883.

371. **BITUME**, 1/2 s. N. — H. N.
B. 1837. — Normandie.
Par *Eastham*, P. S. A., et *Asphalte*, 1/2 s. N., par Jaggar, 1/2 s. A.
Saint-Maixent : 1843-1846. — La Roche-sur-Yon : 1847-1849.
Saintes : 1850-1854.

372. **BOIELDIEU**, 1/2 s. N. — H. N.
B. 1857. — Calvados.
Par *Troarn*, 1/2 s. N., et une 1/2 s. N., par Ramsay, P. S. A.
Saintes : 1861-1873.

373. **BONAPARTE**, 1/2 s. N. — H. N.
B. 1835. — Normandie.
Par *Napoléon*, P. S. A., et une 1/2 s. N., par Eastham, P. S. A.
La Roche-sur-Yon : 1843-1844.

374. **BONNIVET**, 1/2 s. N. — H. N.
B. 1856. — Normandie.
Par *Hébreu*, 1/2 s. N.
La Roche-sur-Yon : 1871.

375. **BOSSEMANN**, 1/2 s. L. — H. N.
B. 1828. — Haute-Vienne.
Par *Y. Muley*, P. S. A., et *Précieuse*, 1/2 s. L.
Saint-Maixent : 1835-1840.

376. **BOTZARIS**, 1/2 s. N. — H. N.
B. 1857. — Normandie.
Par *Lionceau*, 1/2 s. N., et une fille de Diomède, 1/2 s. N.
La Roche-sur-Yon : 1871.

377. **BOURDON**, 1/2 s. N. — H. N.
B. 1856. — Normandie.
Par *Lucain*, 1/2 s. N., et une fille de Voltaire, 1/2 s. N.
La Roche-sur-Yon : 1871.

378. **BOURGEOIS-GENTILHOMME**, 1/2 s. N. — H. N.
B. 1834. — Normandie.
Par *Impérieux*, 1/2 s. N., et une 1/2 s. N., par Eastham, P. S. A.
La Roche-sur-Yon : 1839-1841.

379. **BOURGMESTRE**, 1/2 s. N. — H. N.
B. 1835. — Normandie.
Par *Pretender*, 1/2 s. A., et *Formosa*, par Firman, 1/2 s. N.
Saint-Maixent : 1842-1846.

380. **BOURSAULT**, 1/2 s. N. — H. N.
Bb. 1857. — Calvados.
Par *Ramsay*, P. S. A., et une 1/2 s. N.
Saintes : 1861-1865.

381. **BRANDON**, 1/2 s. — H. N.
Gr. 1852. — Marne.
Par *Quadrilatère*, ou *Quinquina*, 1/2 s., et une jument de trait.
La Roche-sur-Yon : 1871.

382. **BRESLAU**, 1/2 s. N. — H. N.
B. 1837. — Normandie.
Par *Napoléon*, P. S. A., et *Vigilante*, 1/2 s. N., par Eastham, P. S. A.
La Roche-sur-Yon : 1846-1851.

383. **BRILLANT**, 1/2 s. L. — H. N.
B. 1825. — Limousin.
Par *Pandore*, 1/2 s. L., par Thèbes, Ar., et Ketmie, 1/2 s. L., par Forik, 1/2 L.
La Roche-sur-Yon : 1841-1843.

384. **BRILLANT**, 1/2 s. N. — H. N.
Gr. 1835. — Normandie.
Par *Burgos*, 1/2 s. A., et une 1/2 s. N., par Snail, P. S. A.
Saint-Maixent : 1839-1840.

385. **BROCOLI**, 1/2 s. N. — H. N.
B. 1835. — Normandie.
Par *Mahomet*, 1/2 s. N., et *La Jardinière*, 1/2 s. N., par Y. Rattler, 1/2 s. A.
Saint-Maixent : 1840-1843.

386. **BROWN**, 1/2 s. N. — H. N.
B. 1879. — Manche.
Par *Ignoré*, 1/2 s. N., et une fille de Lothaire, 1/2 s. N.
La Roche-sur-Yon : depuis 1883.

387. **BUCÉPHALE**, 1/2 s. N. — H. N.
B. 1835. — Normandie.
Par *Oldham*, 1/2 s. N., et une 1/2 s. N., par Y. Rattler, 1/2 s. A.
Saint-Maixent : 1840.

388. **BUCI II**, 1/2 s. N. — H. N.
B. 1859. — Normandie.
Par *Solide*, 1/2 s. N., et *Comtesse*, 1/2 s. N., par Eylau, P. S. A. A.
La Roche-sur-Yon : 1863-1864.

389. **CABEL**, ex-**CANDIDAT**, 1/2 s. N. — H. N.
Al. 1880. — Normandie.
Par *Quinola*, 1/2 s. N., et *Verveine*, par Noville, 1/2 s. N.
Sa grand'mère : fille d'Y., 1/2 s. N.
Saintes : 1884-1890.

390. **CALDÉRON**, 1/2 s. N. — H. N.
B. 1858. — Orne.
Par *Général*, 1/2 s. N., et une 1/2 s. A.
La Roche-sur-Yon : 1863-1882.

391. **CALVIN**, ex-**COGNAC**, 1/2 s. N. — H. N.
Al. 1880. — Manche.
Par *Newton*, 1/2 s. N., et *Bijou*, par Jarnac, 1/2 s. N.
La Roche-sur-Yon : depuis 1884.

392. **CAMBRONNE**, 1/2 s. N. — H. N.
B. 1858. — Orne.
Par *Thésée*, 1/2 s. N., et une fille de Voltaire, 1/2 s. N.
Saintes : 1862-1873.

393. **CAMILLE**, 1/2 s. N. — H. N.
B. 1858. — Normandie.
Par *Y. Impérieux*, 1/2 s. N., et une fille de Troarn ou Montaigne, 1/2 s. N.
La Roche-sur-Yon : 1871.

394. **CAPITAINE**, 1/2 s. N. — H. N.
B. 1826. — Normandie.
Par *Captain-Candid*, P. S. A., et *Cantinière*, 1/2 s. N., par Sauteur, 1/2 s. N
La Roche-sur-Yon : 1845-1846.

395. **CARACALLA**, 1/2 s. N. — H. N.
B. 1858. — Normandie.
Par *Lucain*, 1/2 s. N., et *Tragédie*, par Voltaire, 1/2 s. N.
La Roche-sur-Yon : 1862-1881.

396. **CARACOLEUR**, 1/2 s. N.
B. 1836. — Normandie.
Par *Lottery*, P. S. A., et *Marceline*, 1/2 s. N., par Impérieux, 1/2 s. N.
La Roche-sur-Yon : 1848-1860.

397. **CARAMEL**, 1/2 s. N. — H. N.
Al. 1858. — Normandie.
Par *Royal-Quand-Même*, P. S. A., et une 1/2 s. N., par Jason, P. S. A.
La Roche-sur-Yon : 1871.

398. **CARDINAL**, 1/2 s. N. — H. N.
Bb. 1858. — Normandie.
Par *Troarn*, 1/2 s. N., et une 1/2 s. N., par The Juggler, P. S. A.
Saintes : 1862-1875.

399. **CARÊME**, 1/2 s. N. — H. N.
B. 1862. — Normandie.
Par *Radical*, 1/2 s. N., et une fille d'Important, 1/2 s. N.
La Roche-sur-Yon : 1871.

400. **CARENTAN**, 1/2 s. N. — H. N.
B. 1858. — Normandie.
Par *Royal-Quand-Même*, P. S. A., et Mathilde, 1/2 s. N., par Y. Gaberlunzie, 1/2 s. A.
La Roche-sur-Yon : 1862-1866.

401. **CARIBERT**, ex-**CUPIDON**, 1/2 s. N. — H. N.
Al. 1880. — Calvados.
Par *Extase*, 1/2 s. N., et *Rigolette*, par Hick ou Ignace, 1/2 s. N.
La Roche-sur-Yon : 1884-1891.

402. **CARMIN**, 1/2 s. N. — H. N.
B. 1858. — Orne.
Par *Pledge*, 1/2 s. N., et une fille d'Emule, 1/2 s. N.
Saintes : 1866-1869 (Annecy : en 1869).

403. **CARPIQUET**, 1/2 s. N. — H. N.
B. 1858. — Calvados.
Par *Adolphus*, P. S. A., et une 1/2 s. N., par Marengo, P. S. A. A.
Saintes : 1862-1864.

404. **CARROSSIER**, 1/2 s. N. — H. N.
B. 1880. — Calvados.
Par *Raifort*, 1/2 s. N., et *Capucine*, par Irlandais ou Esculape, 1/2 s. N.
Sa grand'mère : fille de Taconnet, 1/2 s. N.
La Roche-sur-Yon : depuis 1884.

405. **CAUSTIQUE**, 1/2 s. N. — H. N.
B. 1880. — Manche.
Par *Regnard*, 1/2 s. N., et *Volante*, par Ignoré, 1/2 s. N.
Sa grand'mère : fille de Beaumanoir, 1/2 s. N.
La Roche-sur-Yon : depuis 1884.

406. **CAUVICOURT**, 1/2 s. N. — H. N.
B. 1858. — Calvados.
Par *Eperon*, P. S. A., et une fille de Montaigne, 1/2 s. N.
Saintes : 1862-1881.

407. **CENTAURE**, 1/2 s. N. — H. N.
N. 1880. — Calvados.
Par *Niger*, 1/2 s. N., et *Sylvina*, par Optimé, 1/2 s. N.
Sa grand'mère : fille de Centaure, 1/2 s. N.
Saintes : 1883-1889.

408. **CERTAIN**, 1/2 s. N. — H. N.
B. 1858. — Normandie.
Par *Eylau*, P. S. A. A., et une 1/2 s. N., par Adolphus, P. S. A.
La Roche-sur-Yon : 1862-1863.

409. **CÉSAR**, 1/2 s. L. — H. N.
Gr. 1829. — Haute-Vienne.
Par *Abron*, P. S. A., et une 1/2 s. L., par Lion, P. S. Ar.
Saint-Maixent : 1836-1845.

410 **CHAMPION**, 1/2 s. N. — H. N.
B. 1834. — Normandie.
Par *Y. Rattler*, 1/2 s. A., et *Méduse*, 1/2 s. N., par Y. Vampire, 1/2 s. N.
La Roche-sur-Yon : 1839-1842.

411. **CHANCE**, 1/2 s. N. — H. N.
B. 1858. — Orne.
Par *Taconnet*, 1/2 s. N., et *Roulette*, 1/2 s. N., par Royal-Oak, P. S. A.
La Roche-sur-Yon : 1864-1865.

412. **CHICAGO**, 1/2 s. — H. N.
B. 1880. — Gironde.
Par *Parnasse*, P. S. A., et *Théo*, 1/2 s., par Le Major, P. S. A.
Saintes : 1892.

413. **CITERNE**, 1/2 s. N. — H. N.
B. 1858. — Normandie.
Par *Troarn*, 1/2 s. N., et *Vallée-d'Auge*, par Kenilworth, 1/2 s. N.
La Roche-sur-Yon : 1862-1863.

414. **CLOTAIRE**, 1/2 s. N. — H. N.
B. 1858. — Normandie.
Par *Tamerlan*, 1/2 s. N., et une fille de Perfection, 1/2 s. N.
Saintes : 1862-1863.

415. **CŒUR-DE-CHÊNE**, 1/2 s. A. (approuvé).
M. Sauvé.
N. 1856. — Angleterre.
Saintes : 1864-1868.

416. **CONDOR**, 1/2 s. N. — H. N.
B. 1880. — Seine-Inférieure.
Par *Régulier*, 1/2 s. N., et *Bichette*, 1/2 s. N
La Roche-sur-Yon : depuis 1884.

417. **CONFIDENCE**, 1/2 s. A. — H. N.
B. 1871. — Angleterre.
Par *Norfolk*, 1/2 s. A., et une 1/2 s. A.
Saintes : 1876-1888.

418. **CONSCRIT**, 1/2 s. N. — H. N.
B. 1880. — Calvados.
Par *Saxifrage*, P. S. A., et une fille de Centaure, 1/2 s. N.
Sa grand'mère : fille de Jactator, 1/2 s. N.
La Roche-sur-Yon : depuis 1884.

419. **CORBON**, 1/2 s. N. — H. N.
B. 1835. — Normandie.
Par *Lucholl*, 1/2 s. A., et *La Vallée*, par Rhadamante, 1/2 s. N.
Saint-Maixent : 1840-1842.

420. **CORIOLAN**, 1/2 s. N. — H. N.
B. 1858. — Orne.
Par *Montaigne*, 1/2 s. N., et une 1/2 s. N., fille de The Repealer, 1/2 s. A.
Saintes : 1862-1865.

421. **CORNICHON**, 1/2 s. N. — H. N.
B. 1836. — Normandie.
Par *Sylvio*, P. S. A., et *Jardinière*, 1/2 s. N., par Vaillant, 1/2 s. A.
Saint-Maixent : 1840-1846. — La Roche-sur-Yon : 1847-1860.

422. **COSREIR**, 1/2 s. — H. N.
Gr. 1829. — Meurthe-et-Moselle.
Par *Bedouin*, P. S. Ar., et *Georgina*, jument de Deux-Ponts.
Saint-Maixent : 1838-1845.

423. **COTE-D'OR**, 1/2 s. N. — H. N.
Al. 1880. — Manche.
Par *Schiller*, 1/2 s. N., et *Lisette*, par Invariable, 1/2 s. N.
Saintes : depuis 1884.

424. **COURTOMER**, 1/2 s. N. — H. N.
B. 1858. — Normandie.
Par *Thésée*, 1/2 s. N., et *Lydie*, par Merlerault, 1/2 s. N.
La Roche-sur-Yon : 1862-1873.

425. **CRAMBY**, 1/2 s. N. — H. N.
B. 1834. — Normandie.
Par *Premium*, P. S. A., et *Fauvette*, 1/2 s. N., par Holbein, P. S. A.
La Roche-sur-Yon : 1844.

426. **CREUILLY**, 1/2 s. N. — H. N.
B. 1858. — Calvados.
Par *Québec*, 1/2 s. N., et une 1/2 s. N., par Governor, P. S. A.
Saintes : 1862-1867.

427. **CRILLON**, 1/2 s. N. — H. N.
B. 1858. — Normandie.
Par *Tallien*, 1/2 s. N., et *Victoire*, 1/2 s. N., par Telegraph, 1/2 s. A.
La Roche-sur-Yon : 1862-1868.

428. **CUIRASSIER**, 1/2 s. N. — H. N.
B. 1831. — Normandie.
Par *Hamilton*, 1/2 s. N., et *Vivandière*, par Aimable, 1/2 s. N.
Saint-Maixent : 1835-1848.

429. **CUPIDON**, 1/2 s. N. — H. N.
B. 1858. — Normandie.
Par *Myrthe*, 1/2 s. N., et *Vénus*, 1/2 s. N., par Dangerous, P. S. A.
La Roche-sur-Yon : 1862-1876.

430. **CUPIDON**, 1/2 s. N. — H. N.
Al. 1880. — Calvados.
Par *Ribaud*, 1/2 s. N., et *Dragonne*, 1/2 s. N., par Dragon, P. S. A.
Sa grand'mère : fille de Succès, 1/2 s. N.
La Roche-sur-Yon : 1884.

431. **DACTYLE**, 1/2 s. N. — H. N.
B. 1837. — Normandie.
Par *Sylvio*, P. S. A., et une 1/2 s. N., par Cleveland, 1/2 s. A.
Saint-Maixent : 1841-1844.

432. **DAGOBERT**, 1/2 s. N. — H. N.
B. 1881. — Orne.
Par *Saxifrage*, P. S. A., et *Diane*, 1/2 s. A.
La Roche-sur-Yon : depuis 1885.

433. **DANAÜS**, 1/2 s. N. — H. N.
B. 1837. — Normandie.
Par *Windcliff*, P. S. A., et une 1/2 s. N., par Vaillant, 1/2 s. A.
Saint-Maixent : 1841-1846. — La Roche-sur-Yon : 1847-1857.

434. **DANUBE**, 1/2 s. N. — H. N.
B. 1836. — Normandie.
Par *Sylvio*, P. S. A., et une fille de Vaillant, 1/2 s. A.
Saint-Maixent : 1841-1845 (Villeneuve-sur-Lot en 1846).

435. **DARWIN**, 1/2 s. N. — H. N.
Bb. 1881. — Orne.
Par *Héliotrope*, 1/2 s. N., et une 1/2 s. N., par Centaure, 1/2 s. N.
Saintes : depuis 1885.

436. **DÉCAMÉRON**, 1/2 s. N. — H. N.
B. 1859. — Calvados.
Par *Printemps*, 1/2 s. N., et une 1/2 s. N., par Friedland, 1/2 s. N.
Saintes : 1862-1874.

437. **DÉLECTABLE**, 1/2 s. N. — H. N.
B. 1859. — Normandie.
Par *Lucain*, 1/2 s. N., et une 1/2 s. N., par Tipple-Cider, P. S. A.
Saintes : 1863-1864.

438. **DÉLICAT**, 1/2 s. N. — H. N.
B. 1837. — Normandie.
Par *Fortuné*, P. S. A. A., et une 1/2 s. N., par Jaggar, 1/2 s. A.
Saint-Maixent : 1841-1846. — La Roche-sur-Yon : 1847-1852.

439. **DELIGHT-FULL**, 1/2 s. N. — H. N.
Al. 1859. — Normandie.
Par *Licteur*, 1/2 s. N., et une 1/2 s. N., par Robinson, P. S. A.
La Roche-sur-Yon : 1871.

440. **DÉLINQUANT**, 1/2 s. N. — H. N.
B. 1837. — Normandie.
Par *Sylvio*, P. S. A., et *Tragédie*, 1/2 s. N., par Talma, 1/2 s. A.
La Roche-sur-Yon : 1848-1849.

441. **DÉMOSTHÈNE**, 1/2 s. L. — H. N.
B. 1828. — Limousin.
Par *Trance*, P. S. A., et *Rosa*, 1/2 s. A.
Saint-Maixent : 1843-1846. — La Roche-sur-Yon : 1847-1849.
Saintes : 1850.

442. **DÉRATÉ**, 1/2 s. N. (approuvé).
M. A. Rousselot, 1887. — H. N. 1889.
B. 1881. — Sarthe.
Par *Phaëton*, 1/2 s. N., et *Espérance*, par Abrantès, 1/2 s. N.
Sa grand'mère : Sultane, par Gaulois, 1/2 s. N.
Sa bisaïeule : fille de Destin, 1/2 s. N.
La Roche-sur-Yon : 1887-1888. — Saintes : depuis 1889.

443. **DESSALINES**, ex-**DERVICHE**, 1/2 s. N.
H. N.
Al. 1881. — Manche.
Par *Ignoré*, 1/2 s. N., et une fille de Feu-de-Joie, 1/2 s. N.
La Roche-sur-Yon : 1885-1891.

444. **DÉTROIT**, 1/2 s. N. — H. N.
B. 1837. — Normandie.
Par *Napoléon*, P. S. A., et une fille de Notable, 1/2 s. N.,
ou Impérieux, 1/2 s. N.
Saint-Maixent : 1841-1846. — La Roche-sur-Yon : 1847-1852.

445. **DEVIN**, 1/2 s. L. — H. N.
Gr. 1830. — Limousin.
Par *Y. Muley*, 1/2 s. A., et *Lionne*, 1/2 s. L., par Lion, P. S. Ar.
La Roche-sur-Yon : 1852-1853.

446. **DIABLE-AU-CORPS**, 1/2 s. N. — H. N.
Al. 1881. — Manche.
Par *Shamrock*, 1/2 s. A., et une fille d'Urus, 1/2 s. N.
La Roche-sur-Yon : depuis 1885.

447. **DIACRE**, 1/2 s. N. — H. N.
B. 1837. — Normandie.
Par *Pick-Pocket*, P. S. A., et une 1/2 s. N., par Y. Rattler, 1/2 s. A.
Saint-Maixent : 1841-1846. — La Roche-sur-Yon : 1847-1849.
Saintes : 1850.

448. **DIAS**, 1/2 s. N. — H. N.
B. 1859. — Normandie.
Par *Sultan*, 1/2 s. N., et une 1/2 s. N., par Ramsay, P. S. A.
La Roche-sur-Yon : 1863-1873.

449. **DIMITRI**, ex-**DOUBLON**, 1/2 s. N. — H. N.
B. 1881. — Manche.
Par *Sénéchal*, 1/2 s. N., et une fille de Beaumarchais, 1/2 s. N.
La Roche-sur-Yon : depuis 1885.

450. **DIOGÈNE**, 1/2 s. N. — H. N.
B. 1837. — Normandie.
Par *Y. Rattler*, 1/2 s. A., et une fille de Talma, 1/2 s. A.
La Roche-sur-Yon : 1841.

451. **DIOGÈNE II**, 1/2 s. N. — H. N.
Gr. 1859. — Normandie.
Par *Pledge*, 1/2 s. N., et une fille de Képi, 1/2 s. N.
La Roche-sur-Yon : 1863-1877.

452. **DISCIPLE**, 1/2 s. N. — H. N.
Al. 1859. — Normandie.
Par *Nelson*, 1/2 s. N., et une fille de Pégase, 1/2 s. N.
La Roche-sur-Yon : 1871.

453. **DONGOLAH**, 1/2 s. N. — H. N.
B. 1859. — Normandie.
Par *Troarn*, 1/2 s. N., et une fille de Montaigne, 1/2 s. N.
La Roche-sur-Yon : 1863-1870.

454. **DOUARNENEZ**, 1/2 s. — H. N.
B. 1880. — Perche.
Saintes : 1885 (Pompadour en 1886).

455. **DRUIDE**, 1/2 s. N. — H. N.
B. 1831. — Normandie.
Par *Vampyre*, P. S. A., et *Torthonia*, 1/2 s. A., par Glocester, 1/2 s. A.
La Roche-sur-Yon : 1845.

456. **DUC**, 1/2 s. A. (approuvé). — M. Jourdain.
Al. 1855. — Angleterre.
Père et mère : de race Suffolk.
La Roche-sur-Yon : 1864-1867.

457. **DUPREZ**, 1/2 s. N. — H. N.
Al. 1834. — Normandie.
Par *Napoléon*, P. S. A., et *Zibeline*, 1/2 s. N., par Eastham, P. S. A.
La Roche-sur-Yon : 1842-1850.

458. **DUROC**, 1/2 s. N. — H. N.
B. 1859. — Calvados.
Par *Don Quichotte*, P. S. A. A., et une 1/2 s. N., par Sylvio, P. S. A.
Saintes : 1862-1867.

459. **ÉBOLI**, ex-**ÉCUREUIL**, 1/2 s. N. — H. N.
Al. 1882. — Orne.
Par *Niger*, 1/2 s. N., et une 1/2 s. N., par Faust, P. S. A.
Sa grand'mère : fille de Buci, 1/2 s. N.
La Roche-sur-Yon : depuis 1886.

460. **ÉCLAIR**, 1/2 s. N. — H. N.
B. 1836. — Normandie.
Par *Fire-Away*, P. S. A., et une 1/2 s. A.
Saint-Maixent : 1849-1857.

461. **ÉCLATANT**, 1/2 s. N. (approuvé).
M. E. de Pully.
Al. 1860. — Normandie.
Par *Lionceau*, 1/2 s. N., et *Lisette*, par Kapirat, 1/2 s. N.
La Roche-sur-Yon : 1864-1872.

462. **ÉCUMEUX**, 1/2 s. N. — H. N.
B. 1860. — Normandie.
Par *Solide*, 1/2 s. N., et une fille d'Ottoman, 1/2 s. N.
Saintes : 1864-1873.

463. **ÉCUYER**, 1/2 s. N. (approuvé). — M. Vallée.
B. 1860. — Normandie.
Par *Ursin*, 1/2 s. N., et *Brebis*, par Lagopède, 1/2 s. N.
La Roche-sur-Yon : 1866-1869.

464. **EDMOND**, 1/2 s. N. — H. N.
Al. 1838. — Normandie.
Par *Pickpocket*, P. S. A., et une 1/2 s. N., par Eastham, P. S. A.
La Roche-sur-Yon : 1844-1846.

465. **ÉGÉE**, 1/2 s. N. — H. N.
B. 1860. — Orne.
Par *Valdemar*, 1/2 s. N., et une 1/2 s. N., par Sylvio, P. S. A.
Saintes : 1866-1879.

466. **ELBŒUF**, 1/2 s. N. — H. N.
Bb. 1882. — Manche.
Par *Kabin*, 1/2 s. N., et une fille de Réservé, 1/2 s. N.
Saintes : depuis 1886.

467. **EL TOUNZY**, 1/2 s. Barbe. — H. N.
1848. — Tunis.
La Roche-sur-Yon : 1860-1861.

468. **ÉLU**, 1/2 s. N. — H. N.
B. 1838. — Normandie.
Par *Y. Emilius*, P. S. A., et *Election*, 1/2 s. N., par Vampyre, P. S. A.
La Roche-sur-Yon : 1842-1847.

469. **ÉLYSÉE**, 1/2 s. N. — H. N.
B. 1860. — Calvados.
Par *Tipple-Cider*, P. S. A., et une 1/2 s. N., par Y. Topper, 1/2 s. A.
La Roche-sur-Yon : 1865-1868.

470. **EMBLÈME**, 1/2 s. N. — H. N.
Al. 1882. — Manche.
Par *Sidi*, P. S. Ar., et une fille de Quickly, 1/2 s. N.
Saintes : 1886-1889.

471. **EMILIUS**, 1/2 s. — H. N.
B. 1845.
Par *Y. Emilius*, P. S. A., et une 1/2 s.
Saintes : 1854-1866.

472. **EMULUS**, 1/2 s. N. — H. N.
B. 1836. — Normandie.
Par *Emile*, 1/2 s. N., et une 1/2 s. N., par Y. Rattler, 1/2 s. A.
La Roche-sur-Yon : 1841.

473. **ENCENS**, 1/2 s. N. — H. N.
B. 1882. — Calvados.
Par *Unorthodox*, 1/2 s. N., et une fille de Bassompierre, 1/2 s. N.
Saintes : 1889-1891.

474. **ÉNERGIQUE**, 1/2 s. N. — H. N.
B. 1859. — Normandie.
Par *Kosack*, 1/2 s. N., et une 1/2 s. N.
La Roche-sur-Yon : 1871.

475. **ÉPAMINONDAS**, 1/2 s. N. — H. N.
B. 1838. — Normandie.
Par *The Juggler*, P. S. A., et une fille de Railleur, 1/2 s. N.
Saint-Maixent : 1842-1849.

476. **ÉPHÈSE**, ex-**ÉNOCH**, 1/2 s. N. — H. N.
B. 1882. — Manche.
Par *Utrecht*, 1/2 s. N., et une fille de Quickly, 1/2 s. N.
Sa grand'mère : fille de Kapirat, 1/2 s. N.
La Roche-sur-Yon : depuis 1886.

477. **ÉRAGNY**, ex-**ÉPERON**, 1/2 s. N. — H. N.
B. 1882. — Manche.
Par *Lodi*, 1/2 s. N., et une 1/2 s. N., par Shamrock, 1/2 s. A.
Sa grand'mère : fille de Succès, 1/2 s. N.
La Roche-sur-Yon : depuis 1886.

478. **ERNEST**, 1/2 s. N. — H. N.
B. 1838. — Normandie.
Par *Biron*, P. S. A., et une fille de North-Star, 1/2 s. A.
Saint-Maixent : 1844-1845.

479. **ÉRUDIT**, 1/2 s. A. — H. N.
B. 1837. — Angleterre.
Par *Cerberus*, 1/2 s. A., et *Fanny*, 1/2 s. A., par Shales, 1/2 s. A.
Saint-Maixent : 1844-1846. — La Roche-sur-Yon : 1847-1849.

480. **ESOPE**, ex-**ERFURTH**, 1/2 s. N. (approuvé).
M. E. de Pully.
B. 1860. — Manche.
Par *Tamerlan*, 1/2 s. N., et une fille de Pégase, 1/2 s. N.
La Roche-sur-Yon : 1864.

481. **ESPELETTO**, ex-**LAMPY**, 1/2 s. Big. — H. N.
B. 1882.
Par *Mazères*, P. S. A. A., et une 1/2 s. Big., par Solo, P. S. A.
Saintes : 1885-1888.

482. **ESSEX**, 1/2 s. A. — H. N.
B. 1855. — Angleterre.
Par *Lanercost*, P. S. A., et une 1/2 s. A.
Saintes. — 1864-1866.

483. **ESSEX**, ex-**EFFACÉ**, 1/2 s. N. — H. N.
B. 1882. — Calvados.
Par *Soldat*, 1/2 s. N., et une fille de Marignan, 1/2 s. N.
Sa grand'mère : fille d'Interprète, 1/2 s. N.
La Roche-sur-Yon : depuis 1886.

484. **ETHON**, 1/2 s. L. — H. N.
Al. 1831. — Limousin.
Par *Y. Muley*, 1/2 s. A., et une 1/2 s. Meck., par William the First, 1/2 s. A.
Saint-Maixent. — 1836-1846.
La Roche-sur-Yon : 1846-1848.

485. **ÉTOFFÉ**, 1/2 s. N. — H. N.
B. 1860. — Normandie.
Par *Prince*, 1/2 s. N., et une 1/2 s. N., par Boléro, P. S. A.
La Roche-sur-Yon : 1871.

486. **ÉTOURDI**, 1/2 s. N. — H. N.
B. 1860. — Normandie.
Par *Ursin*, 1/2 s. N., et une 1/2 s. N., par Ballinkeele, P. S. A.
La Roche-sur-Yon : 1871.

487. **ÉTOURNEAU**, 1/2 s. N. — H. N.
B. 1860. — Normandie.
Par *Prince*, 1/2 s. N., et une 1/2 s. N., par Wanderer, 1/2 s. A.
Saintes : 1865-1874.

488. **EURITUS**, 1/2 s. N. — H. N.
B. 1882. — Manche.
Par *Orfila*, 1/2 s. N., et une fille d'Unau, 1/2 s. N.
Sa grand'mère, 1/2 s., par Robinson, P. S. A.
La Roche-sur-Yon : depuis 1886.

489. **EXEMPLE**, 1/2 s. N. — H. N.
B. 1860. — Normandie.
Par *Newmarket*, 1/2 s. N., et une 1/2 s. N., par Don-Quichotte, P. S. A. A.
Saintes : 1864-1866.

490. **EXILÉ**, 1/2 s. Barbe (approuvé). — M. Valteau.
B. 1870. — Algérie.
Saintes : 1880-1887.

491. **EXPEDITOR**, 1/2 s. R. — H. N.
N. 1862. — Russie.
Père et mère : de race Orloff.
Saintes : 1870-1871.

492. **EYALET**, 1/2 s. Big. — H. N.
Al. 1882. — Basses-Pyrénées.
Par *Djerasch*, P. S. Ar., et une 1/2 s. Big., par Womersley, P. S. A.
Saintes : 1886-1888.

493. **FABLIAU**, 1/2 s. N. — H. N.
Al. 1883. — Manche.
Par *Sidi*, P. S. Ar., ou *Palatin*, P. S. A., et une fille de Victorieux, 1/2 s. N.
Saintes : 1887-1890.

494. **FABRICIUS**, 1/2 s. N. — H. N. 1843.
Approuvé : M. Juze. — 1859.
B. 1839. — Normandie.
Par *Y. Talma*, 1/2 s. N., et une 1/2 s. N., par Cleveland, 1/2 s. A.
Saint-Maixent : 1843-1845.
La Roche-sur-Yon : 1846-1853, et en 1859.

495. **FABULEUX**, 1/2 s. N. — H. N.
B. 1861. — Normandie.
Par *Utrecht*, 1/2 s. N., et *Mirza*, 1/2 s. N., par Noteur, 1/2 s. N.
La Roche-sur-Yon : 1865-1869.

496. **FACCHINO**, 1/2 s. N. — H. N.
B. 1839. — Normandie.
Par *Sylvio*, P. S. A., et *Prétendante*, 1/2 s. N., par Pretender, 1/2 s. A.
La Roche-sur-Yon : 1843.

497. **FANFARON**, 1/2 s. N. — H. N.
B. 1861. — Orne.
Par *Umber*, 1/2 s. N., et une fille de Mahomet, 1/2 s. N.
La Roche-sur-Yon : 1865-1868.

6

498. **FANTÔME**, 1/2 s. N. — H. N.
B. 1861. — Eure.
Par *Bouffé*, ex-*Vitty*, 1/2 s. N., et *Mathilde*, par Hercule-de-l'Eure, 1/2 s. N.
La Roche-sur-Yon : 1865-1866.

499. **FARFADET**, 1/2 s. N. — H. N.
B. 1839. — Normandie.
Par *The Juggler*, P. S. A., et une 1/2, s. N., par Y. Topper, 1/2 s. A.
Saint-Maixent : 1843-1846.
La Roche-sur-Yon : 1847-1851.

500. **FARFADET**, 1/2 s. N. — H. N.
B. 1861. — Calvados.
Par *Sultan*, 1/2 s. N., et une fille de Raphaël, 1/2 s. N.
La Roche-sur-Yon : 1865-1869.

501. **FARMER'S GLORY**, 1/2 s. A. — H. N.
B. 1862. — Angleterre.
La Roche-sur-Yon : 1870-1879.

502. **FARO**, 1/2 s. N. — H. N.
Bb. 1883. — Manche.
Par *Lavater*, 1/2 s. N., et une fille de Regnard, 1/2 s. N.
Saintes : depuis 1887.

503. **FATIME**, 1/2 s. N. — H. N.
B. 1839. — Manche.
Par *Eastham*, P. S. A., et une fille de Martagon, 1/2 s. N.
Saintes : 1850-1854.

504. **FAUBLAS**, 1/2 s. N. — H. N.
Gr. 1838. — Normandie.
Par *The Juggler*, P. S. A., et une 1/2 s. N., par Mustachio, P. S. A.
Saint-Maixent : 1843-1844.

505. **FÉDÉRÉ**, 1/2 s. N. — H. N.
B. 1839. — Normandie.
Par *The Juggler*, P. S. A., et une fille de Nérestan, 1/2 s. N.
Saint-Maixent : 1843-1844

506. **FEUILLETON**, 1/2 s. N. — H. N.
B. 1861. — Orne.
Par *Pledge*, 1/2 s. N., et une 1/2 s. N., par Tipple-Cider, P. S. A.
La Roche-sur-Yon : 1865-1873.

507. **FIRE-AWAY THE SECOND**, 1/2 s. A. (approuvé).
Comte de Juigné.
Al. 1859. — Angleterre.
Par *Fire-Away*, 1/2 s. A., et une fille de Shales, 1/2 s. A.
Sa grand'mère : fille de The Norfolk Cob, 1/2 s. A.
La Roche-sur-Yon : 1866-1872.

508. **FITZ-JUGG**, 1/2 s. N. — H. N.
B. 1839. — Normandie.
Par *The Y. Reveller*, P. S. A., et une 1/2 s. A.
Saint-Maixent : 1843-1846. — La Roche-sur-Yon : 1847-1849.

509. **FISH-TAIL**, 1/2 s. N. — H. N.
B. 1839. — Normandie.
Par *Eastham*, P. S. A., et une 1/2 s. N., par Pope, 1/2 s. A.
Saint-Maixent : 1843-1844.

510. **FLORÉAL**, 1/2 s. N. — H. N.
B. 1883. — Calvados.
Par *Phare*, 1/2 s. N., et une fille de Ribaud, 1/2 s. N.
Sa grand'mère : fille de Morgan, 1/2 s. N.
Sa bisaïeule : fille de Novi, 1/2 s. N.
La Roche-sur-Yon : depuis 1887.

511. **FLORESTAN**, 1/2 s. N. — H. N.
B. 1883. — Calvados.
Par *Tigris*, 1/2 s. N., et une fille de Kilomètre, 1/2 s. N.
Saintes : depuis 1887.

512. **FLORUS**, 1/2 s. N. — H. N.
B. 1861. — Normandie.
Par *Pledge*, 1/2 s. N., et une 1/2 s. N., par Sylvio, P. S. A.
Saintes : 1865-1867.

513. **FLOSCULUS**, 1/2 s. N. — H. N.
B. 1839. — Normandie.
Par *Sylvio*, P. S. A., et une fille de Railleur, 1/2 s. N.
La Roche-sur-Yon : 1845-1847.

514. **FONTAINEBLEAU**, 1/2 s. N. — H. N.
B. 1839. — Normandie.
Par *Napoléon*, P. S. A., et une fille de Railleur, 1/2 s. N.
Saint-Maixent : 1843-1846. — La Roche-sur-Yon : 1847-1849.
Saintes : 1850-1854.

515. **FORFAIT**, 1/2 s. N. — H. N.
B. 1839. — Normandie.
Par *Émule*, 1/2 s. N., et une 1/2 s. N., par Bob-Warwick, 1/2 s. A.
Saint-Maixent : 1843-1846. — La Roche-sur-Yon : 1846-1864.

516. **FORTIS**, 1/2 s. N. — H. N.
B. 1861. — Normandie.
Par *Éperon*, P. S. A., et une fille de Voltaire, 1/2 s. N.,
La Roche-sur-Yon : 1871.

517. **FOX**, 1/2 s. N. — H. N.
B. 1839. — Normandie.
Par *Paradox*, P. S. A., et une 1/2 s. N., par Prosélyte, 1/2 s. A.
Saint-Maixent : 1843-1847.

518. **FRAMBOISY**, 1/2 s. N. — H. N.
B. 1861. — Orne.
Par *Fitz-Pantaloon*, P. S. A., et une fille de Galion, 1/2 s. N.
La Roche-sur-Yon : 1865-1872.

519. **FRANÇAIS III**, 1/2 s. — H. N.
Al. 1883. — Sarthe.
Par *Phaéton*, 1/2 s. N., et une fille d'Élu, 1/2 s. N.
Sa grand'mère : fille de Centaure, 1/2 s. N.
La Roche-sur-Yon : 1887-1888.

520. **FRANCFORT**, 1/2 s. N. — H. N.
B. 1861. — Normandie.
Par *Ugolin*, 1/2 s. N., et une 1/2 s. N., par Ballinkeele, P. S. A.
La Roche-sur-Yon. — 1866.

521. **FRANCONI**, 1/2 s. N. (approuvé). — Bon de Lareinty.
B. 1845. — Normandie.
La Roche-sur-Yon : 1856-1862.

522. **FRANCONI**, 1/2 s. N. — H. N.
B. 1861. — Orne.
Par *Utrecht*, 1/2 s. N., et une fille d'Héraclius, 1/2 s. N.
Saintes : 1866-1873.

523. **FRÉJUS**, 1/2 s. N. — H. N.
Al. 1838. — Normandie.
Par *Estham*, P. S. A., et une fille d'Impérieux, 1/2 s. N.
Saint-Maixent : 1845-1846. — La Roche-sur-Yon : 1847.

524. **FRONDEUR**, 1/2 s. N. — H. N.
B. 1839. — Normandie.
Par *The Juggler*, P. S. A., et une fille de Nérestan, 1/2 s. N.
Saint-Maixent : 1843-1845. — La Roche-sur-Yon : 1846-1859.

525. **FRONTIGNAC**, 1/2 s. N. — H. N.
B. 1861. — Normandie.
Par *Lionceau*, 1/2 s. N., et une fille d'Imposteur, 1/2 s. N.
Saintes : 1865-1873.

526. **FRONTON**, 1/2 s. N. — H. N.
B. 1838. — Normandie.
Par *Mahomet*, 1/2 s. N., et une 1/2 s. N., par *Lucholl*, 1/2 s. A.
Saint-Maixent : 1843-1846. — La Roche-sur-Yon : 1847-1853.

527. **FULTON**, 1/2 s. N. — H. N.
B. 1861. — Calvados.
Par *Wanderer*, 1/2 s. A., et une fille de Voltaire, 1/2 s. N.
Saintes : 1865-1873.

528. **GABERLUNZIE**, 1/2 s. A. — H. N.
Bb. 1834. — Angleterre.
Par *Gaberlunzie*, 1/2 s. A., et une 1/2 s. A.
Saintes : 1850.

529. **GAILLARD**, 1/2 s. N. (approuvé). — M. Mercier, 1866.
M. L. Bourrus, 1871.
B. 1862. — Normandie.
Par *Pledge*, 1/2 s. N., et *Danaë*, 1/2 s. N., par Diomède, 1/2 s. N.
La Roche-sur-Yon : 1866-1880.

530. **GALLIEN**, 1/2 s. N. — H. N.
B. 1839. — Normandie.
Par *The Juggler*, P. S. A., et une 1/2 s. N., par Lucholl, 1/2 s. A.
Saint-Maixent : 1845-1847. — La Roche-sur-Yon : 1848-1849.

531. **GALLIPOLIS**, 1/2 s. N. — H. N.
Al. 1862. — Manche.
Par *Vice-Roi*, 1/2 s. N., et *Brebis*, 1/2 s. N., par Raglan, 1/2 s. N.
Saintes : 1866-1872.

532. **GAILLOCHEAU**, 1/2 s. N. — H. N.
B. 1839. — Normandie.
Par *Coriolan II*, 1/2 s. N., et *Omphale*, 1/2 s. N., par Talma, 1/2 s. A.
La Roche-sur-Yon : 1845-1849.

533. **GANGE**, 1/2 s. N. — H. N.
N. 1838. — Normandie.
Par *Émule*, 1/2 s. N., et une 1/2 s. N., par *Prosélyte*, 1/2 s. A.
Saint-Maixent : 1844-1846. — La Roche-sur-Yon : 1847-1849.

534. **GAP**, 1/2 s. N. — H. N.
B. 1802. — Normandie.
Par *Tamerlan*, 1/2 s. N., et une fille de Jay, 1/2 s. N.
La Roche-sur-Yon : 1806.

535. **GARBON**, 1/2 s. N. — H. N.
Bb. 1884. — Calvados.
Par *Acquila*, 1/2 s. N., et *Fleur-de-Mai*, 1/2 s. N., par Stade, 1/2 s. N.
Saintes : depuis 1888.

536. **GASTON-PHŒBUS**, 1/2 s. Big. — H. N.
B. 1870. — Hautes-Pyrénées.
Par *Ceylon*, P. S. A., et une 1/2 s. Big., par Roi-de-Chypre, P. S. A. A.
La Roche-sur-Yon : 1880-1884.

537. **GATEUR**, 1/2 s. N. — H. N.
B. 1840. — Normandie.
Par *Dorus*, 1/2 s. N., et une 1/2 s. N., par *Pick-Pocket*, P. S. A.
Saint-Maixent : 1844-1846. — La Roche-sur-Yon : 1847-1849.
Saintes : 1850.

538. **GAULOIS**, 1/2 s. L. — H. N.
B. 1870. — Creuse.
Par *Caïque*, P. S. A., et une fille d'Ingénieux, 1/2 s. L.
La Roche-sur-Yon : depuis 1877.

539. **GAUTIER**, 1/2 s. N. — H. N.
B. 1839. — Normandie.
Par *Sauvage*, 1/2 s. N., et une fille de Martagon, 1/2 s. N.
Saint-Maixent : 1844-1845. — La Roche-sur-Yon : 1846-1852.

540. **GAVARNI**, 1/2 s. N. — H. N.
B. 1884. — Calvados.
Par *Ulysse III*, 1/2 s. N., et une fille de Phare, 1/2 s. N.
Saintes : 1888.

541. **GAVRUS**, 1/2 s. N. — H. N.
Al. 1884. — Manche.
Par *Banyuls*, 1/2 s. N., et une 1/2 s. N., par Aster, P. S. A.
Sa grand'mère : fille d'Ugolin, 1/2 s. N.
Sa bisaïeule : fille d'Uzel, 1/2 s. N.
La Roche-sur-Yon : depuis 1888.

542. **GENDARME**, 1/2 s. N. — H. N.
B. 1839. — Calvados.
Par *Mystérieux*, 1/2 s. N., et une fille de Martagon, 1/2 s. N.
Saint-Maixent : 1844-1846.

543. **GENERAL-SHERMAN**, 1/2 s. A. — H. N.
Bb. 1862. — Angleterre.
Par *All-Fours*, 1/2 s. A., et une fille d'Haughton-Merry-Leggs, 1/2 s. A.
Saintes : 1866-1868. (Le Pin : 1868.)

544. **GÉRICAULT**, 1/2 N. — H. N.
Al. 1884. — Manche.
Par *Shamrock*, 1/2 s. A., et une fille d'Hélios, 1/2 s. N.
Sa grand'mère : fille de Macouba, 1/2 s. N.
Sa bisaïeule : fille de Nemrod, 1/2 s. N.
La Roche-sur-Yon : depuis 1888.

545. **GÉRONTE**, 1/2 s. N. — H. N.
Al. 1884. — Manche.
Par *Reynolds*, 1/2 s. N., et une 1/2 s. N., par The Heir-of-Linne, P. S. A.
Saintes : depuis 1888.

546. **GIL-BLAS**, 1/2 s. N. — H. N.
B. 1862. — Normandie.
Par *Thésée*, 1/2 s. N., et une fille d'Hospodar, 1/2 s. N.
La Roche-sur-Yon : 1866-1867.

547. **GITANO**, 1/2 s. N. — H. N.
B. 1884. — Manche.
Par *Idoménée*, 1/2 s. N., et une fille de Newton, 1/2 s. N.
Saintes : depuis 1888.

548. **GLADIATOR**, 1/2 s. N. — H. N.
B. 1884. — Normandie.
Par *Lavater*, 1/2 s. N., et *Miss-of-Linne*, P. S. A., par The Heir-of-Linne, P. S. A.
Saintes : depuis 1889.

549. **GLAIVE**, 1/2 s. N. — H. N.
B. 1884. — Manche.
Par *Orphée*, 1/2 s. N., et une 1/2 s. N., par Bravo, P. S. A.
La Roche-sur-Yon : depuis 1888.

550. **GLARIS**, 1/2 s. N. — H. N.
N. 1884. — Calvados.
Par *Phare*, 1/2 s. N., et une fille de Ribaud, 1/2 s. N.
Sa grand'mère : fille d'Historien, 1/2 s. N.
Sa bisaïeule : fille d'Espiègle, 1/2 s. N.
La Roche-sur-Yon : depuis 1888.

551. **GLORIEUX**, 1/2 s. N. — H. N.
B. 1839. — Normandie.
Par *Eastham*, P. S. A., et une 1/2 s. N., par Bob-Warwick, 1/2 s. A.
Saint-Maixent : 1844-1846.— La Roche-sur-Yon : 1847-1852.

552. **GOËLAND**, 1/2 s. N. — H. N.
B. 1840. — Normandie.
Par *Pick-Pocket*, P. S. A., et *Hirondelle*, 1/2 s. N., par Y. Rattler, 1/2 s. A.
La Roche-sur-Yon : 1844.

553. **GOLD-DUST**, 1/2 s. A. — H. N.
B. 1861. — Angleterre.
Par un fils de Gold-Finder, 1/2 s. A., et une fille d'Haughton-Merry-Leggs, 1/2 s. A.
La Roche-sur-Yon : 1871.

554. **GOLDEN-LEAF**, 1/2 s. A. — H. N.
B. 1861. — Angleterre.
Par *Y. Shales*, 1/2 s. A., et une fille de Tom-Moady, 1/2 s. A.
La Roche-sur-Yon : 1869-1872.

555. **GOLDINI**, 1/2 s. N. — H. N.
B. 1884. — Calvados.
Par *Tristan*, 1/2 s. N., et une fille de Législateur, 1/2 s. N.
Sa grand'mère : fille de Coleraine, 1/2 s. A.
La Roche-sur-Yon : depuis 1888.

556. **GOUJAT**, 1/2 s. N. — H. N.
Bb. 1839. — Normandie.
Par *Eastham*, P. S. A., et une 1/2 s. N., par Bob-Warwick, 1/2 s. A.
Saint-Maixent : 1844.

557. **GRACCHUS**, 1/2 s. N. — H. N.
Al. 1839. — Normandie.
Par *Vautour*, 1/2 s. N., et une fille de Nourricier, 1/2 s. N.
Saint-Maixent : 1844-1846. — La Roche-sur-Yon : 1847-1860.

558. **GRACIEUX**, 1/2 s. N. — H. N.
B. 1839. — Normandie.
Par *The Juggler*, P. S. A., et une 1/2 s. N., par Y. Rattler. 1/2 s. A.
Saint-Maixent : 1845-1846 et en 1850. — La Roche-sur-Yon : 1847-1849.

559. **GRAMMONT**, 1/2 s. N. — H. N.
Gr. 1839. — Normandie.
Par *Pick-Pocket*, P. S. A., et une fille d'Impérieux, 1/2 s. N.
Saint-Maixent : 1844-1846. — La Roche-sur-Yon : 1847-1848.

560. **GRAND-CAMP**, 1/2 s. N. — H. N.
B. 1884. — Manche.
Par *Valentino*, 1/2 s. N., et une fille de Va-de-bon-cœur, 1/2 s. N.
La Roche-sur-Yon : 1888-1891.

561. **GRANDIOSE**, 1/2 s. N. — H. N.
B. 1884. — Calvados.
Par *Adjudant*, 1/2 s. N., et une fille de Léotard, 1/2 s. N.
Sa grand'mère : fille de Jean-Bart, 1/2 s. N.
La Roche-sur-Yon : 1888-1890.

562. **GRAND-PAPA**, 1/2 s. N. — H. N.
Al. 1884. — Orne.
Par *Vouziers*, 1/2 s. N., et une fille de Thorigny, 1/2 s. N.
La Roche-sur-Yon : 1888-1889.

563. **GRASSOUILLET**, 1/2 N. — H. N.
N. 1884. — Calvados.
Par *Phare*, 1/2 s. N., et une 1/2 s. N., par Ribaud, 1/2 s. N.
Sa grand'mère : fille de Dragon, P. S. A.
La Roche-sur-Yon : depuis 1888.

564. **GRATIN**, 1/2 s. N. — H. N.
B. 1884. — Manche.
Par *Sénéchal*, 1/2 s. N., et une fille de Pancrace, 1/2 s. N.
Sa grand'mère : fille d'Harmonieux, 1/2 s. N.
La Roche-sur-Yon : depuis 1888.

565. **GROU-GROU**, 1/2 s. N. — H. N.
B. 1838. — Normandie.
Par *Quandros*, 1/2 s. N., et une fille de Sauvage, 1/2 s. N.
Saint-Maixent : 1844-1845. — La Roche-sur-Yon : 1846-1853.

566. **GUSTAVE**, 1/2 s. N. — H. N.
B. 1838. — Normandie.
Par *Sylvio*, P. S. A., et une 1/2 s. N., par Y. Rattler, 1/2 s. A.
Saint-Maixent : 1849-1854.

567. **GUSTAVE**, 1/2 s. N. — H. N.
Al. 1862. — Manche.
Par *Urus*, 1/2 s. N., et *La Blonde*, 1/2 s. N.
Saintes : 1866-1877.

568. **GUSTIN**, 1/2 s. N. — H. N.
B. 1839. — Normandie.
Par *The Juggler*, P. S. A., et une 1/2 s. N., par Y. Topper, 1/2 s. A.
La Roche-sur-Yon : 1847-1849. — Saintes : 1850-1851.

569. **GUY**, 1/2 s. N. — H. N.
Al. 1840. — Normandie.
Par *Eastham*, P. S. A., et une 1/2 s. N., par Bob-Warwick, 1/2 s. A.
La Roche-sur-Yon : 1852-1853.

570. **HAMILTON**, 1/2 s. N. — H. N.
B. 1885. — Calvados.
Par *Racoleur*, 1/2 s. N., et une fille d'Underham, 1/2 s. N.
Sa grand'mère : fille de Fleuron, 1/2 s. N.
La Roche-sur-Yon : depuis 1889.

571. **HAREM**, 1/2 s. N. — H. N.
B. 1885. — Manche.
Par *Bataillon*, 1/2 s. N., et une 1/2 s. N., par Royal, P. S. A.
Sa grand'mère : fille de Victorieux, 1/2 s. N.
La Roche-sur-Yon : 1889-1891.

572. **HARFLEUR**, 1/2 s. N. — H. N.
B. 1885. — Orne.
Par *Hannon*, 1/2 s. N., et *Mademoiselle-Rouve*, 1/2 s. N., par Pompon, 1/2 s. N.
Saintes : depuis 1889.

573. **HARGNEUX**, 1/2 s. N. — H. N.
B. 1863. — Normandie.
Par *Usager*, 1/2 s. N., et une 1/2 s. N., par Fortuné, P. S. A. A.
La Roche-sur-Yon : 1867-1873.

574. **HARPAGON**, 1/2 s. N. — H. N.
B. 1841. — Normandie.
Par *The Juggler*, P. S. A., et une 1/2 s. N., par Y. Topper, 1/2 s. A.
Saint-Maixent : 1845-1846. — La Roche-sur-Yon : 1847-1849.
Saintes : 1850-1852.

575. **HARPALÈS**, 1/2 s. N. — H. N.
B. 1840. — Calvados.
Par *Pick-Pocket*, P. S. A., et une fille de Voltaire, 1/2 s. N.
Saintes : 1850-1856.

576. **HARPON**, 1/2 s. N. — H. N.
Al. 1841. — Normandie.
Par *Tarrare*, P. S. A., et une fille de Chasseur, 1/2 s. N.
Saint-Maixent : 1845-1846. — La Roche-sur-Yon : 1847.

577. **HASTINGS**, 1/2 s. N. — H. N.
B. 1863. — Calvados.
Par *Tamerlan*, 1/2 s. N., et une fille de Paternel, 1/2 s. N.
Saintes : 1867-1869.

578. **HATIF**, 1/2 s. N. — H. N.
Al. 1863. — Calvados.
Par *Québec*, 1/2 s. N., et une 1/2 s. N., par Telegraph, 1/2 s. A.
Saintes : 1867-1873.

579. **HAUBERT**, 1/2 s. N. — H. N.
B. 1841. — Normandie.
Par *Biron*, P. S. A. et une 1/2 s. N., par Y. Topper, 1/2 s. A.
Saint-Maixent : 1845-1846. — La Roche-sur-Yon : 1847-1848.

580. **HAUTAIN**, 1/2 s. N. — H. N.
B. 1841. — Calvados.
Par *Xerxès*, 1/2 s. N., et une 1/2 s. N., par Jaggar, 1/2 s. A.
La Roche-sur-Yon : 1848-1851.

581. **HAUT-HUPPÉ**, 1/2 s. N. — H. N.
B. 1885. — Calvados.
Par *Kaolin*, P. S. A., et *Pastourelle*, par Voilà, 1/2 s. N.
Sa grand'mère : fille d'Introuvable, 1/2 s. N.
La Roche-sur-Yon : depuis 1889.

582. **HAUT-SAUTERNE**, 1/2 s. N. — H. N.
Al. 1885. — Calvados.
Par *Phaéton*, 1/2 s. N., et *Rosalie*, par Fleuron, 1/2 s. N.
Sa grand'mère : fille de Buci, 1/2 s. N.
La Roche-sur-Yon : depuis 1889.

583. **HEBDOMADAIRE**, ex-**HÉROS**, 1/2 s. N.
B. 1885. — Orne.
Par *Calchas*, 1/2 s. N., et *Antoinette*, par Parthénon, 1/2 s. N.
Sa grand'mère : fille de Séducteur, 1/2 s. N.
La Roche-sur-Yon : 1889-1891.

584. **HECTOR**, 1/2 s. N. — H. N.
N. 1885. — Orne.
Par *Dictateur*, 1/2 s. N., et *Giboulée*, par Niger, 1/2 s. N.
Sa grand'mère : fille de The Norfolk-Trotter, 1/2 s. N.
La Roche-sur-Yon : depuis 1889.

585. **HÉDERIC**, 1/2 s. N. — H. N.
B. 1841. — Orne.
Par *Marengo*, P. S. A. A., et une 1/2 s. N., par Snap, 1/2 s. A.
Saintes : 1850-1855.

586. **HELCIAS**, 1/2 s. N. — H. N.
B. 1841. — Normandie.
Par *Fire-Away*, 1/2 s. A., et une 1/2 s. N., par Fortuné, P. S. A. A.
Saint-Maixent : 1845-1846. — La Roche-sur-Yon : 1847-1852.

587. **HELDER**, 1/2 s. N. — H. N.
B. 1841. — Normandie.
Par *Emule*, 1/2 s. N., et une fille de Chasseur, 1/2 s. N.
Saint-Maixent : 1845-1846. — La Roche-sur-Yon : 1847.

588. **HÉLICE**, 1/2 s. N. — H. N.
B. 1841. — Normandie.
Par *Biron*, P. S. A., et une 1/2 s. N., par Y. Topper, 1/2 s. A.
Saint-Maixent : 1845-1846. — La Roche-sur-Yon : 1847-1848.

589. **HÉLIODORE**, ex-**HIPPOCRATE**, 1/2 s. N.
H. N.
B. 1863. — Calvados.
Par *Sérénader*, 1/2 s. A., et une fille de Prince, 1/2 s. N.
Saintes : 1867-1874.

590. **HÉLIOGABALE**, 1/2 s. N. — H. N.
Al. 1863. — Calvados.
Par *Séducteur*, 1/2 s. N., et une 1/2 s. N., par Governor, P. S. A.
La Roche-sur-Yon : 1867-1869.

591. **HÉLIOGABALE**, ex-**HERMIT**, 1/2 s. N.
H. N.
Al. 1885. — Calvados.
Par *Cambacérès*, 1/2 s. N., et *Églantine*, 1/2 s. N., par Éole II.
P. S. A.
Sa grand'mère : fille de Valdemar, 1/2 s. N.
La Roche-sur-Yon : depuis 1889.

592. **HÉLIOTROPE**, 1/2 s. N. — H. N.
Gr. 1841. — Orne.
Par *Xerxès*, 1/2 s. N., et une 1/2 s. N., par D. I. O., P. S. A.
Saint-Maixent : 1848-1849.

593. **HELVÉTIUS**, ex-**HAMILTON**, 1/2 s. N.
H. N.
Al. 1885. — Manche.
Par *Banyuls*, 1/2 s. N., et une fille d'Ugolin, 1/2 s. N.
Sa grand'mère : fille de Karbout, 1/2 s. N.
La Roche-sur-Yon : depuis 1889.

594. **HÉMISTICHE**, ex-**HENRIOT**, 1/2 s. N.
H. N.
B. 1885. — Manche.
Par *Uzerche*, 1/2 s. N., et une 1/2 s. N.. par Auguste, P. S. A.
Sa grand'mère : fille de Volcan, 1/2 s. N.
Sa bisaïeule : fille de Camisard, 1/2 s. N.
La Roche-sur-Yon : depuis 1889.

595. **HENRI IV**, 1/2 s. N. — H. N.
B. 1863. — Normandie.
Par *Usager*, 1/2 s. N., et une fille de Dupleix, 1/2 s. N.
La Roche-sur-Yon : 1867-1869.

596. **HÉRACLITE**, 1/2 s. N. — H. N.
B. 1841. — Normandie.
Par *Tarrare*, 1/2 s. N., et une 1/2 s. N., par Y. Rattler, 1/2 s. A.
La Roche-sur-Yon : 1850-1860.

597. **HÉRACLIUS**, 1/2 s. N. — H. N.
B. 1841. — Calvados.
Par *Voltaire*, 1/2 s. N., et une 1/2 s. N., par Héraclius, 1/2 s. A.
La Roche-sur-Yon : 1846-1847.
Saint-Maixent : 1848. — La Roche-sur-Yon : 1849-1851.

598. **HERCULANUM**, 1/2 s. N. — H. N.
B. 1841. — Normandie.
Par *Eastham*, P. S. A., et *Destinée*, par Orgon, 1/2 s. N.
Saint-Maixent : 1845-1846. — La Roche-sur-Yon : 1847-1851.

599. **HERCULANUM**, 1/2 s. N. — H. N.
B. 1885. — Calvados.
Par *Oriental*, 1/2 s. N., et une fille de Kilogramme, 1/2 s. N.
La Roche-sur-Yon : depuis 1889.

600. **HERCULE**, 1/2 s. L.— H. N.
B. 1834. — Limousin.
Par *Harlequin*, P. S. A., et une 1/2 s. L., par Y. Wandick-Junior.
Saint-Maixent : 1841 (Langonnet : en 1842).

601. **HERMIAS**, 1/2 s. N. — H. N.
B. 1840. — Normandie.
Par *Basly*, 1/2 s. N., et une 1/2 s. N., par Y. Rattler, 1/2 s. A.
Saint-Maixent : 1845-1846. — La Roche-sur-Yon : 1847-1849. —
Saintes : 1850-1853.

602. **HERNANI**, 1/2 s. N. — H. N.
Al. 1885. — Calvados.
Par *Phaëton*, 1/2 s. N., et *Sérénade*, par Lucain, 1/2 s. N.
Sa grand'mère : fille d'Ottoman, 1/2 s. N.
La Roche-sur-Yon : depuis 1889.

603. **HÉRODE**, 1/2 s. N. — H. N.
B. 1841. — Normandie.
Par *Eylau*, P. S. A. A., et une 1/2 s. N., par Windcliff, P. S. A.
Saint-Maixent : 1845-1853. — La Roche-sur-Yon : 1853-1859.
(Libourne : en 1860).

604. **HÉRODE**, 1/2 s. N. — H. N.
Bb. 1885. — Calvados.
Par *Acquila*, 1/2 s. N., et *Violette*, par Kilomètre, 1/2 s. N.
Saintes : depuis 1890.

605. **HÉRODE**, ex-**HIDALGO**, 1/2 s. N. — H. N.
B. 1885. — Calvados.
Par *Typique*, 1/2 s. N., et une 1/2 s. N., par Liberator, 1/2 s. A.
Sa grand'mère : jument anglaise.
La Roche-sur-Yon : depuis 1889.

606. **HÉRON**, 1/2 s. N. — H. N.
B. 1863. — Calvados.
Par *Rivoli*, 1/2 s. N., et une fille de Licteur, 1/2 s. N.
Saintes : 1867-1874.

607. **HÉROPHILE**, 1/2 s. N. — H. N.
B. 1841. — Normandie.
Par *Y. Gaberlunzie*, 1/2 s. A., et une 1/2 s. N.
Saint-Maixent : 1846-1847.

608. **HÉROS**, 1/2 s. R. — H. N.
N. 1864. — Russie.
La Roche-sur-Yon : 1871.

609. **HERRING** (approuvé). — M. Thomassin.
B. 1863. — Normandie.
Par *Valdemar*, 1/2 s. N., et une fille de Cultivateur, 1/2 s. N.
La Roche-sur-Yon : 1870.

610. **HERTRÉ**, 1/2 s. — H. N.
Al. 1885. — Sarthe.
Par *Beaugé*, 1/2 s. N., et *Hélène*, par Elu, 1/2 s. N.
Saintes : depuis 1889.

611. **HÉTÉROCLITE**, ex-**HÉRITIER**, 1/2 s. N.— H. N.
B. 1885. — Calvados.
Par *Réussi*, P. S. A. et *La-Dore*, par Conquérant, 1/2 s. N.
Saintes : depuis 1889.

612. **HEUREUX**, 1/2 s. N. — H. N.
B. 1841. — Normandie.
Par *Débardeur*, 1/2 s. N., et une 1/2 s. N., par Lucholl, 1/2 s. A.
La Roche-sur-Yon : 1846-1848, et 1850-1860.

613. **HIATUS**, 1/2 s. N. — H. N.
Al. 1885. — Seine-Inférieure.
Par *Serpolet*, rouan, 1/2 s. N., et *Eclair*, par Seul, 1/2 s. N.
Saintes : 1889.

614. **HIPPIATRE**, 1/2 s. N. — H. N.
B. 1841. — Normandie.
Par un fils de Y. Topper, 1/2 s. A., et une 1/2 s. N.
Saint-Maixent : 1845.

615. **HIVER**, 1/2 s. N. — H. N.
Bb. 1885. — Manche.
Par *Attila*, 1/2 s. N., et *Opale*, 1/2 s. N., par Télémaque 1/2 s. N.
Saintes : depuis 1889.

616. **HOCHE**, 1/2 s. N. — H. N.
Bl. 1841. — Orne.
Par *Sylvio*, P. S. A., et une fille d'Impérieux, 1/2 s. N.
Saintes : 1850-1864.

617. **HOCQUAINCOURT**, 1/2 s. N. — H. N.
N. 1885. — Calvados.
Par *Tigris*, 1/2 s. N., et *Sans-Gêne*, par Conquérant, 1/2 s. N.
Saintes : 1890.

618. **HOP**, 1/2 s. N. — H. N.
B. 1885. — Manche.
Par *Vautrain*, 1/2 s. N., et une fille de Victorieux. 1/2 s. N.
Sa grand'mère : fille de Volcan, 1/2 s. N.
La Roche-sur-Yon : depuis 1889.

619. **HOPE** (approuvé). — M. Thomassin.
B. 1863. — Normandie.
Par *Cicéron*, 1/2 s. N., et une fille de Périer, 1/2 s. N.
La Roche-sur-Yon : 1869-1870.

620. **HOPE**, 1/2 s. B. — H. N.
Al. 1843. — Côtes-du-Nord.
Par *Jean-Bart*, P. S. A., et une jument bretonne.
Saint-Maixent : 1850.

621. **HORIZONTAL**, 1/2 s. N. — H. N.
Al. 1885. — Manche.
Par *Quality*, 1/2 s. N., et une 1/2 s. N., par Quickly, 1/2 s. N.
Saintes : depuis 1889.

622. **HORRITZ**, 1/2 s. N. — H. N.
Al. 1863. — Normandie.
Par *Ursin*, 1/2 s. N., et une 1/2 s. N., par Adolphus, P. S. A.
La Roche-sur-Yon : 1867-1879.

623. **HORTENSIUS**, 1/2 s. N. — H. N.
B. 1841. — Normandie.
Par *Basly*, 1/2 s. N., et *Medway*, 1/2 s. A., par Wanloo, 1/2 s. A.
La Roche-sur-Yon : 1848.

624. **HOSPITALIER**, 1/2 s. N. — H. N.
B. 1841. — Normandie.
Par *The Juggler*, P. S. A., et une 1/2 s. N., par Prosélyte, 1/2 s. A.
Saint-Maixent : 1845-1846. — La Roche-sur-Yon : 1847-1853.

625. **HÔTELIER**, 1/2 s. N. — H. N.
B. 1863. — Normandie.
Par *Commandeur*, 1/2 s. N., et une fille d'Ottoman, 1/2 s. N.
La Roche-sur-Yon : 1871.

626. **HOUDAN**, 1/2 s. N. — H. N.
B. 1885. — Orne.
Par *Quiclet*, 1/2 s. N., et *Bijou*, par Hidalgo, 1/2 s. N.
Saintes : depuis 1889.

627. **HOUDON**, 1/2 s. N. — H. N.
B. 1863. — Orne.
Par *Centaure*, 1/2 s. N., et une fille d'Umber, 1/2 s. N.
La Roche-sur-Yon : 1868-1883.

628. **HOULGATE**, 1/2 s. N. — H. N.
Al. 1885. — Manche.
Par *Washington*, 1/2 s. All., et une fille d'Agenda, 1/2 s. N.
Saintes : depuis 1889.

629. **HUSSARD**, 1/2 s. N. — H. N.
B. 1841. — Normandie.
Par *Sylvio*, P. S. A., et une 1/2 s. N., par Impérieux, 1/2 s. N.
La Roche-sur-Yon : 1846-1847.

630. **HUTIN**, 1/2 s. N. — H. N.
Al. 1834. — Normandie.
Par *Harlequin*, P. S. A., et *Louise*, 1/2 s. L., par Y. Muley.
La Roche-sur-Yon : 1842.

631. **HYACINTHE**, 1/2 s. N. (approuvé).
M. Métayer.
B. 1855. — Normandie.
La Roche-sur-Yon : 1863-1865.

632. **IARBAS**, 1/2 s. N. — H. N.
Bb. 1886. — Calvados.
Par *Bataclan IV*, 1/2 s. N., et *l'Étoile*, par Intact, 1/2 s. N.
Saintes : depuis 1890.

633. **IBRAHIM**, 1/2 s. N. — H. N.
B. 1822. — Normandie.
Par *Y. Rattler*, 1/2 s. A., et une 1/2 s. N., par Highflyer, 1/2 s. A.
La Roche-sur-Yon : 1847.

634. **IBRAHIM**, 1/2 s. N. — H. N.
Bb. 1864. — Calvados.
Par *Conquérant*, 1/2 s. N., et une 1/2 s. N., par Performer, 1/2 s. A.
Saintes : 1868-1874.

635. **ICOGLAN**, 1/2 s. N. — H. N.
B. 1886. — Calvados.
Par *Page*, 1/2 s. N., et *Baillette*, par Jarnac, 1/2 s. N.
Saintes : depuis 1890.

636. **IDOLE**, 1/2 s. N. — H. N.
Al. 1886. — Calvados.
Par *Tristan*, 1/2 s. N., et *Espérance*, par Ximénès, 1/2 s. N.
Saintes : depuis 1890.

637. **IGOR**, 1/2 s. N. — H. N.
B. 1842. — Normandie.
Par *Biron*, P. S. A., et une 1/2 s. N., par Railleur, 1/2 s. N.
La Roche-sur-Yon : 1847-1850.

638. **ILLÉGAL**, 1/2 s. N. — H. N.
Bb. 1842. — Orne.
Par *Friedland*, P. S. A., et une 1/2 s. N., par Québec, 1/2 s. N.
Saintes : 1850-1853.

639. **ILLUSTRE**, 1/2 s. N. — H. N.
B. 1842. — Normandie.
Par *Biron*, P. S. A., et une fille d'Emule, 1/2 s. N.
Saint-Maixent : 1846-1852.

640. **ILLUSTRE**, 1/2 s. N. — H. N.
B. 1863. — Normandie.
Par *Sultan*, 1/2 s. N., et une 1/2 s. N., par The Great-Western, 1/2 s. A.
La Roche-sur-Yon : 1871.

641. **IMAGE**, 1/2 s. N. — H. N.
B. 1842. — Normandie.
Par *Y. Emilius*, P. S. A., et une 1/2 s. N., par Lucholl, 1/2 s. A.
Saint-Maixent : 1846. — La Roche-sur-Yon : 1847-1852 (Lamballe en 1853).

642. **IMMORTEL**, 1/2 s. N. — H. N.
B. 1863. — Normandie.
Par *Darius*, 1/2 s. N., et une 1/2 s. N.
La Roche-sur-Yon : 1871.

643. **INCOMPARABLE**, 1/2 s. N. — H. N.
B. 1842. — Normandie.
Par *Olivier-Cromwell*, 1/2 s. A., et une 1/2 s. N., par Pick-Pocket, P. S. A.
La Roche-sur-Yon : 1851-1864.

644. **INDÉPENDANT**, 1/2 s. N. — H. N.
B. 1886. — Calvados.
Par *Tigris*, 1/2 s. N., et *Surprise*, par Mazeppa, 1/2 s. N.
Saintes : 1890-1891 (Compiègne en 1892).

645. **INDIEN**, 1/2 s. N. — H. N.
B. 1864. — Normandie.
Par *Moustique*, P. S. A., et une 1/2 s. N., par Chesterfield-Junior, P. S. A.
La Roche-sur-Yon : 1868-1873.

646. **INDISCRET**, 1/2 s. N. — H. N.
B. 1842. — Normandie.
Par *Rhéteur*, 1/2 s. N., et une 1/2 s. N., par Prosélyte, 1/2 s. A.
Saint-Maixent : 1846-1849. — Saintes : 1850-1854.

647. **INDISCUTABLE**, 1/2 s. N. — H. N.
B. 1886. — Manche.
Par *Domino-Noir*, 1/2 s. N., et une fille de Lans-Born, 1/2 s. N.
Sa grand'mère : fille de Castor, 1/2 s. N.
La Roche-sur-Yon : depuis 1890.

648. **INDRET**, ex-**LAMBREQUIN**, 1/2 s. N. — H. N.
B. 1886. — Orne.
Par *Dictateur*, 1/2 s. N., et une fille d'Oriental, 1/2 s. N.
Sa grand'mère : fille d'Usbékieh, P. S. Ar.
La Roche-sur-Yon : depuis 1890.

649. **INFLAMMABLE**, 1/2 s. N. — H. N.
Bb. 1886. — Calvados.
Par *Santerre*, 1/2 s. N., et *Papillon*, 1/2 s. N., par Urus, 1/2 s. N.
Saintes : depuis 1890.

650. **INFLUENT**, 1/2 s. N. — H. N.
B. 1842. — Normandie.
Par *Jason*, P. S. A., et une 1/2 s. N., par Eastham, P. S. A.
La Roche-sur-Yon : 1847-1852.

651. **INGRAT**, 1/2 s. N. — H. N.
B. 1842. — Normandie.
Par *Voltaire* ou *Emule*, 1/2 s. N., et une 1/2 s. N., par Y. Topper, 1/2 s. A.
Saint-Maixent : 1846. — La Roche-sur-Yon : 1847-1849.

652. **INSIGNE**, 1/2 s. N. — H. N.
Bb. 1886. — Normandie.
Par *Bataillon*, 1/2 s. N., et *Bijou*, par Oranger, 1/2 s. N.
Saintes : depuis 1890.

653. **INSTITUTEUR**, 1/2 s. N. — H. N.
B. 1864. — Manche.
Par *Ursin*, 1/2 s. N., et une 1/2 s. N., par Tarrare, P. S. A.
Saintes : 1868-1873.

654. **INSULAIRE** (approuvé). — M. E. de Pully.
B. 1864. — Normandie.
Par *Androclès*, 1/2 s. N., et une fille d'Espiègle, 1/2 s. N.
La Roche-sur-Yon : 1868-1871. — Saintes : 1872-1882.

655. **INTACT**, 1/2 s. N. — H. N.
Ro. 1842. — Normandie.
Par *Diomède*, 1/2 s. N., et une fille d'Emule, 1/2 s. N.
Saint-Maixent : 1846. — La Roche-sur-Yon : 1847-1858.

656. **INTÉGRAL**, 1/2 s. N. — H. N.
B. 1886. — Manche.
Par *Colporteur*, 1/2 s. N., et *Castille*, par Dagobert, 1/2 s. N.
Saintes : depuis 1890.

657. **INTÈGRE**, 1/2 s. N. — H. N.
B. 1842. — Normandie.
Par *Bitume*, 1/2 s. N., et une 1/2 s. N., par Y. Topper, 1/2 s. A.
Saint-Maixent : 1846-1847. — La Roche-sur-Yon : 1848-1853.

658. **INTELLIGENT**, 1/2 s. N. — H. N.
N. 1864. — Calvados.
Par *Y. Phœnomenon*, 1/2 s. N., et une fille de Ganymède, 1/2 s. N.
Saintes : 1868-1873.

659. **INTENDANT**, 1/2 s. N. — H. N.
B. 1842. — Normandie.
Par *Voltaire*, 1/2 s. N., et une 1/2 s. N., par Cleveland, 1/2 s. A.
Saint-Maixent : 1846. — La Roche-sur-Yon : 1847-1849.
Saintes : 1850-1853.

660. **INTERDIT**, 1/2 s. N. — H. N.
B. 1842. — Calvados.
Par *Sauvage*, 1/2 s. N., et une 1/2 s. N., par Bob-Warwick, 1/2 s. A.
Saint-Maixent : 1846-1847.

661. **INTERMÈDE**, 1/2 s. N. — H. N.
B. 1842. — Normandie.
Par *Xerxès*, 1/2 s. N., et une fille de Vautour, 1/2 s. N.
Saint-Maixent : 1846. — La Roche-sur-Yon : 1847-1852.

662. **INTIME**, 1/2 s. N. — H. N.
B. 1842. — Orne.
Par *Ernest*, 1/2 s. N., et une 1/2 s. N.
Saint-Maixent : 1846-1856.

663. **INTRIGANT**, 1/2 s. N. — H. N.
Gr. 1842. — Normandie.
Par *Eastham*, P. S. A., et une fille d'Adonis, 1/2 s. N.
La Roche-sur-Yon : 1846-1858.

664. **IPSUS**, 1/2 s. N. — H. N.
B. 1864. — Eure.
Par *Prince*, 1/2 s. N., et *Pika*, par Récollet, 1/2 s. N.
Saintes : 1868-1873.

665. **IRON**, 1/2 s. N. — H. N.
B. 1842. — Normandie.
Par *Biron*, P. S. A., et une 1/2 s. N., par Y. Rattler, 1/2 s. A.
Saint-Maixent : 1846. — La Roche-sur-Yon : 1847-1850.

666. **IRUN**, 1/2 s. N. — H. N.
B. 1886. — Calvados.
Par *Noville*, 1/2 s. N., et une fille de Tigris, 1/2 s. N.
Sa grand'mère : fille de Quia, 1/2 s. N.
La Roche-sur-Yon : depuis 1890.

667. **ISAAC**, 1/2 s. N. — H. N.
B. 1864. — Sarthe.
Par *Destin*, 1/2 s. N., et une 1/2 s. N., par Glocester, 1/2 s. A.
Saintes : 1868-1873.

668. **ISAÏE**, 1/2 s. N. — H. N.
B. 1864. — Normandie.
Par *Régnier*, 1/2 s. N., et une 1/2 s. N., par Lully, P. S. A.
La Roche-sur-Yon : 1871.

669. **ISAMBART**, 1/2 s. N. — H. N.
B. 1864. — Normandie.
Par *Antinoüs*, 1/2 s. N., et une 1/2 s. N., par Fitz-Pantaloon, P. S. A.
La Roche-sur-Yon : 1871.

670. **ISAMBAR**, ex-**INSENSÉ**, 1/2 s. — H. N.
Bb. 1886. — Gironde.
Par *Bayard IV*, 1/2 s. N., et *Violette*, 1/2 s., par Gargantua, P. S. A. A.
Saintes : depuis 1890.

671. **ISCHIA**, 1/2 s. N. — H. N.
B. 1886. — Manche.
Par *Bataillon*, 1/2 s. N., et une fille de Producteur, 1/2 s. N.
Sa grand'mère : fille de Bandit, 1/2 s. N.
La Roche-sur-Yon : 1890-1891.

672. **ISIGNY**, 1/2 s. N. — H. N.
Al. 1842. — Normandie.
Par *Y. Cydnus*, 1/2 s. A., et une fille de Pégase, 1/2 s. N.
La Roche-sur-Yon : 1846-1863.

673. **ISOCRATE**, 1/2 s. N. — H. N.
B. 1864. — Normandie.
Par *Destin*, 1/2 s. N., et une fille de Pledge, 1/2 s. N.
La Roche-sur-Yon : 1868-1876.

674. **ISOLET**, 1/2 s. N. — H. N.
B. 1864. — Calvados.
Par *Sultan*, 1/2 s. N., et une fille de Montaigne, 1/2 s. N.
Saintes : 1868-1869.

675. **ISSY**, 1/2 s. N. — H. N.
Al. 1864. — Eure.
Par *Centaure*, 1/2 s. N., et *Miss-Black*, 1/2 s. N.
Saintes : 1868-1887.

676. **ISSY**, 1/2 s. N. — H. N.
B. 1886. — Calvados.
Par *Denis*, 1/2 s. N., et *Fanny*, par Vanikoro, 1/2 s. N.
Saintes : depuis 1890.

677. **ITHIS**, 1/2 s. N. — H. N.
B. 1842. — Normandie.
Par *Egrillard*, 1/2 s. N., et une 1/2 s. N.
Saint-Maixent : 1846. — La Roche-sur-Yon : 1847-1848.

678. **IVONNET**, 1/2 s. N. — H. N.
B. 1858. — Normandie.
Par *Gainsborough*, 1/2 s. A., et une 1/2 s. N.
La Roche-sur-Yon : 1871.

679. **IVRY**, ex-**IMPÉTUEUX**, 1/2 s. N. — H. N.
B. 1842. — Normandie.
Par *Peterstroff*, 1/2 s. N., et une fille de Railleur, 1/2 s. N.
Saint-Maixent : 1846 : La Roche-sur-Yon : 1847-1856.

680. **JABLONSKI**, 1/2 s. N. — H. N.
B. 1842. — Normandie.
Par *Sauvage*, 1/2 s. N., et une 1/2 s. N., par Y. Gaberlunzie, 1/2 s. A.
La Roche-sur-Yon : 1847-1849. — Saintes : 1850-1852.

681. **JACATRA**, 1/2 s. N. — H. N.
B. 1864. — Calvados.
Par *Eperon*, P. S. A., et une 1/2 s. N.
Saintes : 1868-1878.

682. **JACQUARD**, 1/2 s. N. — H. N.
Al. 1865. — Normandie.
Par *Kapirat*, 1/2 s. N., et une fille de Ravissant, 1/2 s. N.
La Roche-sur-Yon : 1871.

683. **JACQUEMIN**, 1/2 s. N. — H. N.
B. 1843. — Normandie.
Par *Sylvio*, P. S. A., et *Félicia*, 1/2 s. N., par Y. Topper, P. S. A.
La Roche-sur-Yon : 1852.

684. **JACQUEMONT**, 1/2 s. N. — H. N.
Bb. 1843. — Normandie.
Par *Tarrare*, P. S. A., et une 1/2 s. N., par Eastham, P. S. A.
Saint-Maixent : 1848-1851. — La Roche-sur-Yon : 1852-1864.

685. **JACQUET**, 1/2 s. N. — H. N.
B. 1887. — Manche.
Par *Lavater*, 1/2 s. N., et une 1/2 s. N., par The Heir-of-Linne, P. S. A.
Sa grand'mère : fille d'Eylau, P. S. A. A.
La Roche-sur-Yon : depuis 1891.

686. **JAFFA**, 1/2 s. N. — H. N.
B. 1887. — Orne.
Par *Quiclet*, 1/2 s. N., et une fille d'Abrantès, 1/2 s. N.
Saintes : depuis 1891.

687. **JAMBES-D'ARGENT**, 1/2 s. N. — H. N.
Ro. 1865. — Orne.
Par *Centaure*, 1/2 s. N., et une fille de Thorigny, 1/2 s. N.
La Roche-sur-Yon : 1869-1875.

688. **JANICOT**, 1/2 s. N. — H. N.
B. 1865. — Normandie.
Par *Taconnet*, 1/2 s. N., et une fille de Tallien, 1/2 s. N.
La Roche-sur-Yon : 1869.

689. **JANINA**, 1/2 s. N. — H. N.
B. 1865. — Calvados.
Par *Esculape*, 1/2 s. N., et une fille de Voltaire, 1/2 s. N.
Saintes : 1869-1877.

690. **JANINA**, 1/2 s. N. — H. N.
B. 1887. — Normandie.
Par *Espadem*, 1/2 s. N., et *Fanny*, par Bataillon, 1/2 s. N.
Saintes : depuis 1891.

691. **JAPARA**, 1/2 s. N. — H. N.
B. 1865. — Manche.
Par *Abeilard*, 1/2 s. N., et une fille de *Karbout*, 1/2 s. N.
La Roche-sur-Yon : 1869-1880.

692. **JAPONAIS**, 1/2 s. N. — H. N.
B. 1887. — Manche.
Par *Diplomate*, 1/2 s. N., et une fille d'Harmonieux, 1/2 s. N.
La Roche-sur-Yon : 1892.

693. **JARNAC**, 1/2 s. N. — H. N.
B. 1843. — Orne.
Par *Aï*, 1/2 s. N., et une fille de Chasseur, 1/2 s. N.
Saint-Maixent : 1847-1849. — Saintes : 1850-1851.

694. **JASON III**, 1/2 s. N. — H. N.
B. 1887. — Calvados.
Par *Tigris*, 1/2 s. N., et une fille de Conquérant, 1/2 s. N.
Sa grand'mère : fille de Sultan, 1/2 s. N.
La Roche-sur-Yon : depuis 1891.

695. **JAUCOURT**, 1/2 s. N. — H. N.
B. 1865. — Normandie.
Par *Divus*, 1/2 s. N., et une 1/2 s. N., par Mastrillo, P. S. A.
La Roche-sur-Yon : 1871.

696. **JEAN-BART**, 1/2 s. L. — H. N.
Al. 1882. — Haute-Vienne.
Par *El-Mers*, P. S. Ar., et une, 1/2 s. L., par Actéon, P. S. Ar.
Saintes : 1886-1889.

697. **JEAN-BART**, 1/2 s. N. — H. N.
Al. 1887. — Calvados.
Par *Delaware*, 1/2 s. N., et *Rosalba*, par Ignace, 1/2 s. N.
Saintes ; depuis 1891.

698. **JEAN-DE-PARIS**, 1/2 s. N. — H. N.
B. 1865. — Manche.
Par *Divus*, 1/2 s. N., et une fille d'Uzel, 1/2 s. N.
La Roche-sur-Yon : 1869-1870, et 1872-1874.

699. **JEAN-SANS-PEUR**, 1/2 s. N. — H. N.
B. 1865. — Calvados.
Par *Ugolin*, 1/2 s. N., et une 1/2 s. N., par Fitz-Pantaloon, P. S. A.
La Roche-sur-Yon : 1869-1881.

700. **JEMMAPES**, 1/2 s. N. — H. N.
Al. 1843. — Normandie.
Par *Friedland*, P. S. A., et une fille de Mahomet, 1/2 s. N.
La Roche-sur-Yon : 1853-1860.

701. **JÉRÉMIE**, 1/2 s. N. — H. N.
B. 1843. — Normandie.
Par *Frondeur*, 1/2 s. N., et une 1/2 s. N., par Cleveland, 1/2 s. A.
La Roche-sur-Yon : 1847-1850.

702. **JERK**, 1/2 s. N. — H. N.
Al. 1887. — Manche.
Par *Canut*, 1/2 s. N., et une fille de Nagel, 1/2 s. N.
La Roche-sur-Yon : depuis 1891.

703. **JESSICA**, 1/2 s. N. — H. N.
B. 1862. — Normandie.
Par *Taconnet*, 1/2 s. N., et une 1/2 s. N.
La Roche-sur-Yon : 1871.

704. **JEUNEUR**, 1/2 s. N. — H. N.
B. 1865. — Normandie.
Par *Etendard*, 1/2 s. N., et une 1/2 s. N., par Royal-Quand-Même, P. S. A.
La Roche-sur-Yon : 1871.

705. **JOACHIM**, 1/2 s. N. — H. N.
B. 1864. — Orne.
Par *The Norfolk-Phænomenon*, 1/2 s. A., et une fille de Pledge, 1/2 s. N.
La Roche-sur-Yon : 1869-1873.

706. **JOANNÈS**, 1/2 s. N. — H. N.
B. 1843. — Normandie.
Par *Voltaire*, 1/2 s. N., et une fille de Nérestan, 1/2 s. N.
La Roche-sur-Yon : 1849.

707. **JOB**, ex-**JASMIN**, 1/2 s. N. — H. N.
B. 1887. — Manche.
Par *Vautrain*, 1/2 s. N., et une fille d'Ugolin, 1/2 s. N.
Sa grand'mère : 1/2 s. N., par Paladin, P. S. A.
La Roche-sur-Yon : depuis 1891.

708. **JOCRISSE**, 1/2 s. N. — H. N.
B. 1843. — Calvados.
Par *Emule*, 1/2 s. N., et une 1/2 s. N., par The Juggler, P. S. A.
Saint-Maixent : 1847-1851. — Saintes : 1852-1853.

709. **JOHN-BULL**, 1/2 s. N. — H. N.
B. 1864. — Calvados.
Par *Taconnet*, 1/2 s. N., et une fille de Sultan, 1/2 s. N.
La Roche-sur-Yon : 1869-1877.

710. **JOHNSON**, 1/2 s. N. — H. N.
B. 1843. — Normandie.
Par *Prince-Albert*, 1/2 s. N., et une 1/2 s. N., par Bob-Warwick, 1/2 s. A.
La Roche-sur-Yon : 1847-1858.

711. **JOIGNY**, 1/2 s. N. — H. N.
B. 1843. — Normandie.
Par *Y. Gaberlunzie*, 1/2 s. A., et une 1/2 s. N., par Eastham, P. S. A.
La Roche-sur-Yon : 1847-1858.

712. **JOINVILLE**, 1/2 s. N. — H. N.
B. 1843. — Normandie.
Par *Oak-Stick*, P. S. A., et une 1/2 s. N., par Y. Rattler, 1/2 s. A.
La Roche-sur-Yon : 1848-1849.

713. JONATHAN (approuvé), 1/2 s. N. — M. E. de Pully.
B. 1865. — Normandie.
Par *Centaure*, 1/2 s. N., et une fille de Merlerault, 1/2 s. N.
La Roche-sur-Yon : 1869-1871. — Saintes : 1872-1873.

714. JONATHAN, 1/2 s. N.
B. 1864. — Calvados.
Par *Buci*, 1/2 s. N., et une 1/2 s. N., par Fitz-Pantaloon, P. S. A.
La Roche-sur-Yon : 1869-1870.

715. JONGLEUR, 1/2 s. N. — H. N.
B. 1843. — Calvados.
Par *Oak-Stick*, P. S. A., et une fille de Chasseur, 1/2 s. N.
La Roche-sur-Yon : 1847-1849. — Saint-Maixent : 1850-1854.

716. JONGLEUR, 1/2 s. N. — H. N.
N. 1887. — Orne.
Par *Babo*, 1/2 s. N., et *Célina*, par Hilaire, 1/2 s. N.
Saintes : depuis 1891.

717. JONGLEUR, 1/2 s. N. — H. N.
B. 1887. — Calvados.
Par *Tigris*, 1/2 s. N., et une fille de Normand, 1/2 s. N.
La Roche-sur-Yon : 1892.

718. JOSEPH II, 1/2 s. N. — H. N.
B. 1843. — Normandie.
Par *Xerxès*, 1/2 s. N., et une 1/2 s. N., par Prétender, 1/2 s. A.
Saint-Maixent : 1847-1849. — Saintes : 1850-1852.

719. JOUBERT, 1/2 s. N. — H. N.
B. 1843. — Calvados.
Par *Voltaire*, 1/2 s. N., et une 1/2 s. N., par The Juggler. P. S. A.
Saintes : 1852-1863.

720. JOURDAN, 1/2 s. N. — H. N. 1847 — (approuvé).
M. Poinet 1864.
Al. 1843. — Manche.
Par *Marengo*, P. S. A. A., et *Brillante* 1/2 s. N.
Saint-Maixent : 1847-1863. — La Roche-sur-Yon : 1864-1865.

721. JOURDAN, 1/2 s. N. — H. N.
Al. 1887. — Calvados.
Par *Valencourt*, 1/2 s. N., et une 1/2 s. N.
Sa grand'mère : Fortuna, P. S. A.
La Roche-sur-Yon : depuis 1891.

722. **JOUTEUR**, 1/2 s. N. — H. N.
B. 1865. — Normandie.
Par *Pledge*, 1/2 s. N., et une 1/2 s. N., par Governor, P. S. A.
Saintes : 1869-1886.

723. **JOYAU**, 1/2 s. N. — H. N.
B. 1865. — Calvados.
Par *Utrecht*, 1/2 s. N., et une fille d'Abrantès, 1/2 s. N.
Saintes : 1869-1881.

724. **JUJUBE**, 1/2 s. N. — H. N.
B. 1843. — Calvados.
Par *Tarrare*, P. S. A. et une 1/2 s. N., par Chapman, 1/2 s. A.
Saint-Maixent : 1848-1849.

725. **JUJUBE**, 1/2 s. N. — H. N.
Bb. 1884. — Orne.
Par *Attila*, 1/2 s. N., et une 1/2 s. N., par Abderham, P. S. Ar.
Saintes : depuis 1888.

726. **JULIEN**, 1/2 s. N. — H. N.
B. 1865. — Calvados.
Par *Cormoran*, 1/2 s. N., et une 1/2 s. N., par Performer, 1/2 s. A.
La Roche-sur-Yon : 1871 et 1873-1886. (Rosières en 1872).

727. **JUPITER**, 1/2 s. N. — H. N.
Al. 1865. — Calvados.
Par *Sancho*, 1/2 s. N., et une fille de Vautour, 1/2 s. N.
La Roche-sur-Yon : 1869-1882.

728. **JURANÇON**, 1/2 s. N. — H. N.
Ro. 1843. — Normandie.
Par *Hector*, 1/2 s. N., et une 1/2 s. N., par Jaggar, 1/2 s. A.
La Roche-sur-Yon : 1847.

729. **JUSTICIER**, ex-**JOVIAL**, 1/2 s. N. — H. N.
B. 1887. — Manche.
Par *Bretteur*, 1/2 s. N., et une fille de Y. Imposteur, 1/2 s. N.
La Roche-sur-Yon : depuis 1891.

730. **KABAR**, 1/2 s. N. — H. N.
B. 1844. — Normandie.
Par *Oak-Stick*, P. S. A., et une 1/2 s. N., par Voltaire, 1/2 s. N.
La Roche-sur-Yon : 1849.

731. **KABARIS**, 1/2 s. N. — H. N.
B. 1844. — Normandie.
Par *Y. Emilius*, P. S. A., et *Calliope*, 1/2 s. N., par Y. Rattler, 1/2 s. A.
La Roche-sur-Yon : 1848-1849. — Saintes : 1850-1856.

732. **KABASSON**, 1/2 s. N. — H. N.
B. 1866. — Normandie.
Par *Docteur* ou *Essence*, 1/2 s. N., et une 1/2 s. N., par Defence. 1/2 s. A.
La Roche-sur-Yon : 1870-1872.

733. **KABYLE**, 1/2 s. N. — H. N.
B. 1844. — Normandie.
Par *Diomède*, 1/2 s. N., et une fille de Léger, 1/2 s. N.
La Roche-sur-Yon : 1848-1849.

734. **KADISH**, 1/2 s. N. — H. N.
B. 1844. — Normandie.
Par *Voltaire*, 1/2 s. N., et une 1/2 s. N., par The Juggler, P. S. A.
La Roche-sur-Yon : 1848-1852.

735. **KAIR**, 1/2 s. N. — H. N.
Al. 1844. — Normandie.
Par *Saumon*, 1/2 s. N., et une 1/2 s. N., par Y. Symmetry, 1/2 s. A.
La Roche-sur-Yon : 1849-1851.

736. **KAIROUAN**, 1/2 s. — H. N.
N. 1888. — Orne.
Par *Barrabas*, 1/2 s. N., et *Autonida*, ex-*Nina*, P. S. A., par Saint-Cyr, P. S. A.
Saintes : depuis 1892.

737. **KALENDER**, 1/2 s. N. — H. N.
N. 1866. — Calvados.
Par *Diadème* ou *Enragé*, 1/2 s. N., et une fille de Galion, 1/2 s. N.
La Roche-sur-Yon : 1870-1880.

738. **KALBRENNER**, 1/2 s. N. — H. N.
Bb. 1866. — Calvados
Par *Diadème*, 1/2 s. N., et une fille de Séducteur, 1/2 s. N.
Saintes : 1870-1886.

739. **KALI**, 1/2 s. N. — H. N.
B. 1843. — Normandie.
Par *Richard*, P. S. A. A., et une 1/2 s. N., par Bob-Warwick, 1/2 s. A.
La Roche-sur-Yon : 1848-1849. (Lamballe en 1850).

740. **KALIFE**, 1/2 s. N. — H. N.
Bb. 1866. — Calvados.
Par *Cormoran*, 1/2 s. N., et une fille de Niagara, 1/2 s. N.
Saintes : 1870-1884.

741. **KALISTOS** 1/2 s. N. — H. N.
B. 1844. — Normandie.
Par *Oak-Stick*, P. S. A., et une fille de Railleur, 1/2 s. N.
Saintes : 1853-1863.

742. **KALMOUCK**, 1/2 s. — H. N.
B. 1844. — Manche.
Par *Tarrare*, P. S. A., et une 1/2 s. N., par Y. Topper, 1/2 s. A.
La Roche-sur-Yon : 1849. — Saintes : 1850-1851.

743. **KAMAR**, 1/2 s. N. — H. N.
B. 1843. — Normandie.
Par *Trotteur*, 1/2 s. N., et une 1/2 s. N., par Mameluke, P. S. A.
La Roche-sur-Yon : 1850-1864.

744. **KAMPONG**, 1/2 s. N. — H. N.
B. 1888. — Manche.
Par *Fulminant*, 1/2 s. N., et *Cocotte*, par Truplu, 1/2 s. N.
Sa grand'mère : fille de Kabin, 1/2 s. N.
La Roche-sur-Yon : depuis 1892.

745. **KANGIAR**, 1/2 s. N. — H. N.
B. 1844. — Normandie.
Par *Sylvio*, P. S. A., et une fille de Sauvage, 1/2 s. N.
La Roche-sur-Yon : 1848-1849. — Saintes : 1850-1856.

746. **KANOBIN**, 1/2 s. N. — H. N.
Al. 1867. — Normandie
Par *Désiré*, 1/2 s. N., et une 1/2 s. N.
La Roche-sur-Yon : 1871.

747. **KAPIRAT II**, 1/2 s. N. — H. N.
Al. 1866. — Manche.
Par *Kapirat*, 1/2 s. N., et une fille de Perfection, 1/2 s. N.
Sa grand'mère : 1/2 s. N., par Robinson, P. S. A.
La Roche-sur-Yon : 1870-1890.

748. **KAPPA**, 1/2 s. N. — H. N.
B. 1843. — Normandie.
Par *Favori*, 1/2 s. N., et une 1/2 s. N., par Sylvio, P. S. A.
Saint-Maixent : 1848-1859.

749. **KARIBON**, 1/2 s. N. — H. N.
B. 1866. — Manche.
Par *Quid-Juris*, P. S. A., et une fille d'Abrantès, 1/2 s. N.
La Roche-sur-Yon : 1870 et 1872-1883.

750. **KARMIGNAC**, 1/2 s. N. — H. N.
B. 1844. — Normandie.
Par *Eylau*, P. S. A. A., et une 1/2 s. N., par Y. Topper, 1/2 s. A.
La Roche-sur-Yon : 1848-1868.

751. **KEEPSAKE**, 1/2 s. N. — H. N.
N. 1888. — Manche.
Par *Colporteur*, 1/2 s. N., et *Marinette*, par Qui-Vive ! 1/2 s. N.
Sa grand'mère : fille de Lavater, 1/2 s. N.
La Roche-sur-Yon : depuis 1892.

752. **KEFF**, 1/2 s. Barbe. — H. N.
Gr. 1837. — Algérie.
Père et mère d'origine Barbe.
La Roche-sur-Yon : 1848-1851.

753. **KELLERMANN**, 1/2 s. N. — H. N.
B. 1844. — Normandie.
Par *Friedland*, P. S. A., et *La Mecque*, 1/2 s. N., par Mahomet, 1/2 s. N.
La Roche-sur-Yon : 1849-1853.

754. **KELLINGTON**, 1/2 s. N. — H. N.
B. 1844. — Normandie.
Par *Xerxès*, 1/2 s. N., et une 1/2 s. N., par Cleveland, 1/2 s. A.
La Roche-sur-Yon : 1848-1849. — Saintes : 1850-1852

755. **KEMETH**, 1/2 s. N. — H. N.
N. 1888. — Manche.
Par *Fournichon*, 1/2 s. N., et *Souvenir*, par Saturne, 1/2 s. N.
Sa grand'mère : fille de Samman, P. S. Ar.
La Roche-sur-Yon : depuis 1892.

756. **KENILWORTH** (approuvé). — M. Sansier.
B. 1857. — Normandie.
Par *Kenilworth*, 1/2 s. N., et une fille de Léonidas, 1/2 s. N.
La Roche-sur-Yon : 1865.

757. **KÉPLER**, 1/2 s. N. — H. N.
Al. 1888. — Calvados.
Par *Bonnaire*, 1/2 s. N., et *Courtisane*, par Patrick, 1/2 s. N.
Sa grand'mère : fille de Vice-Roi, 1/2 s. N.
Saintes : depuis 1892.

758. **KERJEAN**, 1/2 s. B. (approuvé). — M. Aillery.
Al. 1873. — Finistère.
Par *Kerjean*, 1/2 s. B., et une jument bretonne.
La Roche-sur-Yon : 1878-1884.

759. **KERMÈS**, ex-**KELAT**, 1/2 s. N. — H. N.
B. 1888. — Manche.
Par *Frontignan*, 1/2 s. N., et *Finette*, par Platon, 1/2 s. N.
La Roche-sur-Yon : depuis 1892.

760. **KEROUAL**, 1/2 s. N. — H. N.
B. 1844. — Normandie.
Par *Chasseur*, 1/2 s. N., et une fille de Xerxès, 1/2 s. N.
La Roche-sur-Yon : 1848-1853.

761. **KÉPI**, 1/2 s. N. — H. N.
Bb. 1865. — Calvados.
Par *Centaure*, 1/2 s. N., et une fille de Jéricko, 1/2 s. N.
Saintes : 1870-1874.

762. **KÉRITI**, 1/2 s. N. — H. N.
B. 1844. — Orne.
Par *Sylvio*, P. S. A., et une 1/2 s. N., par Friedland, P. S. A.
Saintes : 1850-1854.

763. **KEVEL**, 1/2 s. N. — H. N.
B. 1843. — Calvados.
Par *Tarrare*, P. S. A., et une 1/2 s. N., par Gaberlunzie, 1/2 s. A.
La Roche-sur-Yon : 1848-1849 et 1851. — Saint-Maixent : 1850.
Saintes : 1852-1853.

764. **KILOMÈTRE**, 1/2 s. N. — H. N.
B. 1888. — Orne.
Par *Cherbourg*, 1/2 s. N., et *Printannière*, 1/2 s. N.,
par Vermouth, P. S. A.
Sa grand'mère : fille de Fitz-Pantaloon, P. S. A.
La Roche-sur-Yon : depuis 1892.

765. **KIMI**, 1/2 s. N. — H. N.
B. 1844. — Normandie.
Par *Eastham*, P. S. A., et une 1/2 s. N., par Prosélyte, 1/2 s. A.
La Roche-sur-Yon : 1848-1849. — Saintes : 1850-1851.

766. **KING**, 1/2 s. N. — H. N.
B. 1831. — Normandie.
Par *Eastham*, P. S. A., et une 1/2 s. N., par Highflyer, 1/2 s. A.
Saint-Maixent : 1835-1846. — La Roche-sur-Yon : 1847-1849.
Saintes : 1850.

767. **KING-CHARLES**, 1/2 s. N. — H. N.
Al. 1844. — Normandie.
Par *Cydnus*, P. S. A., et une fille d'Adonis, 1/2 s. N.
Saintes : 1850-1854.

768. **KINO**, ex-**KAVIAR**, 1/2 s. N. — H. N.
B. 1888. — Manche.
Par *Espoir*, 1/2 s. N., et *Rapide*, par Saphir, 1/2 s. N.
Sa grand'mère : fille de Séduisant, 1/2 s. N.
La Roche-sur-Yon : depuis 1892.

769. **KIVA**, 1/2 s. N. — H. N.
B. 1888. — Manche.
Par *Frondeur*, 1/2 s. N., et *Reynolds*, par Reynolds, 1/2 s. N.
Sa grand'mère : fille de Pretty-Boy, P. S. A.
Saintes : depuis 1892.

770. **KLAUCK**, 1/2 s. N. — H. N.
B. 1866. — Manche.
Par *Étendard*, 1/2 s. N., et une 1/2 s. N., par Isolier, P. S. A.
La Roche-sur-Yon : 1872-1877.

771. **KLÉBER**, 1/2 s. Big. — H. N.
B. 1888. — Dordogne.
Par *Freluquet*, 1/2 s. V., et *Fleurance*, 1/2 s. Big., par Parry, P. S. A.
Sa grand'mère : par Nemrod, P. S. A. A.
La Roche-sur-Yon : depuis 1892.

772. **KŒNIG**, 1/2 s. N. — H. N.
B. 1844. — Normandie.
Par *Hégésippe*, 1/2 s. N., et une 1/2 s. N., par Vaillant, 1/2 s. A, par Lord Samford's Old George, 1/2 s. A.
La Roche-sur-Yon : 1850. — Saintes : 1851-1855.

773. **KŒNIGSBERG**, 1/2 s. N. — H. N.
B. 1888. — Orne.
Par *Cherbourg*, 1/2 s. N., et *Doina*, par Serpolet-Bai, 1/2 s. N.
Sa grand'mère : fille de Kaolin, P. S. A.
La Roche-sur-Yon : depuis 1892.

774. **KŒNISMARCK**, 1/2 s. N. — H. N.
B. 1844. — Orne.
Par *Expert*, 1/2 s. N., et une 1/2 s. N., par Jaggar, 1/2 s. A.
Saint-Maixent : 1848-1849.

775. **KOFF**, 1/2 s. N. — H. N.
B. 1844. — Orne.
Par *Extrême*, 1/2 s. N., et une fille de Marmot, 1/2 s. N.
Saint-Maixent : 1848-1855.

776. **KORASSAN**, 1/2 s. N. — H. N.
B. 1844. — Normandie.
Par *Diomède*, 1/2 s. N., et une 1/2 s. N., par Talma, 1/2 s. A.
La Roche-sur-Yon : 1848-1853.

777. **KOSACK**, 1/2 s. N. — H. N.
B. 1844. — Normandie.
Par *Sylvio*, P. S. A., et une 1/2 s. N.
Saintes : 1866-1870.

778. **KOSCIUSKO**, 1/2 s. N.
H. N., 1848 (Approuvé).— M. E. de Pully, 1864.
B. 1844. — Calvados.
Par *Hercule*, P. S. A., et une 1/2 s. N., par Mameluke, P. S. A.
Saint-Maixent : 1848-1863. — La Roche-sur-Yon : 1864-1867.

779. **KOUKA**, 1/2 s. N. — H. N.
Al. 1888. — Calvados.
Par *Eperlan*, 1/2 s. N., et *Bijou*, par Vice-Roi, 1/2 s. N.
Sa grand'mère : fille de Guignolet, P. S. A.
Saintes : depuis 1892.

780. **KREMLIN**, 1/2 s. N. — H. N.
B. 1888. — Orne.
Par *Phaëton*, 1/2 s. N., et *Paquerette*, par Quiclet, 1/2 s. N.
Sa grand'mère : fille d'Abrantès, 1/2 s. N.
Saintes : depuis 1892.

781. **LAHIRE**, 1/2 s. N. — H. N.
B. 1867. — Orne.
Par *Noteur*, 1/2 s. N., et une fille de Solide, 1/2 s. N.
La Roche-sur-Yon : 1871-1887.

782. **LAMARTINE**, 1/2 s. N. — H. N.
N. 1867. — Calvados.
Par *Baron-Knight*, 1/2 s. A., et une fille de Vigoureux, 1/2 s. N.
La Roche-sur-Yon : 1872-1874.

783. **LAMBEL**, 1/2 s. N. — H. N.
B. 1844. — Manche.
Par *Tarrare*, P. S. A., et une 1/2 s. N., par Eastham, P. S. A.
La Roche-sur-Yon : 1849. — Saintes : 1850-1853.

784. **LAMBORN**, 1/2 s. Big. — H. N.
B. 1837. — Haute-Pyrénées.
Par *Foscarini*, P. S. A., et *Altitate*, 1/2 s. Big., par L'Attitat, 1/2 s. Big.
Saintes : 1850-1860.

785. **LANCASTER**, 1/2 s. N. — H. N.
N. 1867. — Orne.
Par *Esculape*, 1/2 s. N., et une fille de Pledge, 1/2 s. N.
La Roche-sur-Yon : 1871-1885.

786. **LANCELOT**, 1/2 s. N. — H. N.
B. 1845. — Normandie.
Par *Richard*, P. S. A. A., et *Tulipe*, 1/2 s. N., par Railleur, 1/2 s. N.
La Roche-sur-Yon : 1851.

787. **LANGLOIS**, 1/2 s. N. — H. N.
Al. 1844. — Normandie.
Par *Hercule*, P. S. A., et une 1/2 s. N., par Impérieux, 1/2 s. N.
La Roche-sur-Yon : 1850-1852.

788. **LANGWEY**, 1/2 s. N. — H. N.
B. 1867. — Calvados.
Par *Fire-Away*, 1/2 s. A., et une fille de Ganymède, 1/2 s. N.
Saintes : 1872-1881.

789. **LAPIN**, 1/2 s. R. (approuvé). — M. L. Arnaudet.
B. 1866. — Russie.
De race Orloff.
La Roche-sur-Yon : 1876-1884.

790. **LASBORDES**, 1/2 s. Big. — H. N.
Al. 1882. — Basses-Pyrénées.
Par *Sir-Régis*, P. S. A., et une 1/2 s. Big., par Dahabi, P. S. Ar.
Saintes : depuis 1885.

791. **LASSON**, 1/2 s. N. — H. N.
B. 1867. — Manche.
Par *Egésippe*, 1/2 s. N., et une fille de Kapirat, 1/2 s. N.
Saintes : 1871-1887.

792. **LATUDE**, 1/2 s. N. — H. N.
B. 1867. — Eure.
Par *Estafette*, 1/2 s. N., et une fille de Pledge, 1/2 s. N.
Saintes : 1871-1882.

793. **LAURIER**, 1/2 s. N. — H. N.
B. 1845. — Normandie.
Par *The Juggler*, P. S. A., et une 1/2 s. N., par North-Star, 1/2 s. A.
La Roche-sur-Yon : 1849.

794. **LEPORELLO**, 1/2 s. N. — H. N.
B. 1866. — Calvados.
Par *Abrantès*, 1/2 s. N., et une fille de Troarn, 1/2 s. N.
Saintes : 1871-1875.

795. **LIBAN**, 1/2 s. N. — H. N.
B. 1867. — Calvados.
Par *Français*, 1/2 s. N., et une 1/2 s. A.
La Roche-sur-Yon : 1871-1887.

796. **LIBER**, 1/2 s. N. — H. N.
B. 1867. — Manche.
Par *Orgueilleux*, 1/2 s. N., et une fille d'Ugolin, 1/2 s. N.
Saintes : 1871-1886.

797. **LIBÉRAL**, 1/2 s. N. — H. N.
B. 1866. — Calvados.
Par *Ottoman*, 1/2 s. N., et une 1/2 s. N., par Phœnomenon, 1/2 s. A.
La Roche-sur-Yon : 1872-1874.

798. **LIBÉRATEUR**, 1/2 s. N. — H. N.
B. 1823. — Normandie.
Par *Widvid*, 1/2 s. A., et une 1/2 s. N., par Matador, 1/2 s. N.
La Roche-sur-Yon : 1840.

799. **LIBÉRATEUR**, 1/2 s. N. — H. N.
B. 1866. — Manche.
Par *Etendard* ou *Ravissant*, 1/2 s. N., et une fille de Lagopède, 1/2 s. N.
Saintes : 1870-1874.

800. **LICENCIÉ**, 1/2 s. N. — H. N.
B. 1845. — Calvados.
Par *Voltaire*, 1/2 s. N., et une fille d'Emule, 1/2 s. N.
Saint-Maixent : 1853-1858.

801. **LIGIER**, 1/2 s. N. — H. N.
B. 1845. — Normandie.
Par *Sylvio*, P. S. A., et une 1/2 s. N., par Y. Rattler, 1/2 s. A.
La Roche-sur-Yon : 1849. — Saintes : 1850-1868.

802. **LINCOLN**, 1/2 s. A. — H. N.
B. 1833. — Angleterre.
Par *Muley-Moloch*, P. S. A., et une 1/2 s. A., par Gilbert, 1/2 s. A.
Saint-Maixent : 1842-1846. — La Roche-sur-Yon ; 1847-1849.
Saintes : 1850-1852.

803. **LINDOR**, 1/2 s. N. — H. N.
Al. 1845. — Normandie.
Par *Chasseur*, 1/2 s. N., et une 1/2 s. N., par Y. Rattler, 1/2 s. A.
La Roche-sur-Yon : 1849-1853.

804. **LINON**, 1/2 s. N. — H. N.
B. 1867. — Orne.
Par *Esculape*, 1/2 s. N., et une fille de Thorigny, 1/2 s. N.
Saintes : 1871-1885.

805. **LINOT**, 1/2 s. N. — H. N.
B. 1845. — Orne.
Par *Sylvio*, P. S. A., et une 1/2 s. N., par Friedland, P. S. A.
Saint-Maixent : 1849-1851.

806. **LION**, 1/2 s. N. — H. N.
B. 1866. — Manche.
Par *Sinope*, 1/2 s. N., et une fille de Navigateur, 1/2 s. N.
La Roche-sur-Yon : 1871-1876.

807. **LONGCHAMPS**, 1/2 s. N. — H. N.
B. 1866. — Normandie.
Par *Conquérant*, 1/2 s. N., et La Brionne, 1/2 s. N.
La Roche-sur-Yon : 1870-1872.

808. **LORD-CLYDE**, 1/2 s. A. — H. N.
B. 1860. — Angleterre.
La Roche-sur-Yon : 1871.

809. **LORD-GRANVILLE**, 1/2 s. A. — H. N.
Al. 1872. — Angleterre.
Par *Lord-Derby*, 1/2 s. A., et une fille de Ramsdale's-Phœnomenon, 1/2 s. A.
La Roche-sur-Yon : 1877-1879.

810. **LORD-PENZANCE**, 1/2 s. A. (approuvé).
Cte de Juigné : 1885. — H. N. 1888.
B. 1875. — Angleterre.
Par *Palestine*, 1/2 s. A., et une fille de Grand-Inquisitor, 1/2 s. A.
La Roche-sur-Yon : depuis 1885.

811. **LOTHAIRE**, 1/2 s. N. — H. N.
B. 1845. — Calvados.
Par *Xerxès*, 1/2 s. N., et une fille de Voltaire, 1/2 s. N.
Saintes : 1854-1861.

812. **LOW**, 1/2 s. Barbe. — H. N.
Al. 1843. — Algérie.
Père et mère : d'origine Barbe.
La Roche-sur-Yon : 1848-1849.

813. **LUCIFER**, 1/2 s. N. — H. N.
B. 1866. — Calvados.
Par *Fleuron*, 1/2 s. N., et une 1/2 s. N., par Brocardo, P. S. A.
Saintes : 1870-1884.

814. **LUCIFER**, 1/2 s. N. — H. N.
B. 1867. — Manche.
Par *Pater* ou *Energique*, 1/2 s. N., et une fille d'Augereau, 1/2 s. N.
La Roche-sur-Yon : 1872-1888.

815. **LUCTÉRIUS**, 1/2 s. Big. — H. N.
Al. 1873. — Haute-Garonne.
Par *Boxeur*, P. S. A., et une fille de Y. Baba, 1/2 s. Ar.
Saintes : 1877-1882.

816. **LUCULLUS**, 1/2 s. N. — H. N.
B. 1845. — Orne.
Par *Equs*, 1/2 s. N., et une 1/2 s. N., par Vampire, P. S. A.
La Roche-sur-Yon : 1849. — Saintes : 1850-1860.

817. **LYCOMÈDE I**, 1/2 s. N. — H. N.
B. 1822. — Normandie.
Par *Highflyer*, 1/2 s. A., et une 1/2 s. N., par Bacha, P. S. Ar.
La Roche-sur-Yon : 1840.

818. **LYCOMÈDE**, 1/2 s. N. — H. N.
B. 1845. — Normandie.
Par *Sylvio*, P. S. A., et une fille de Railleur, 1/2 s. N.
La Roche-sur-Yon : 1849.

819. **LYCURGUE**, 1/2 s. L. — H. N.
B. 1837. — Haute-Vienne.
Par *Harlequin*, P. S. A., et *Gabrielle*, 1/2 s. L.
Saintes : 1850-1853.

820. **MACARONI**, 1/2 s. N. — H. N.
B. 1868. — Normandie.
Par *Pater*, 1/2 s. N., et une fille de Nelson, 1/2 s. N.
Saintes : 1872-1885.

821. **MADRAS**, 1/2 s. N. — H. N.
B. 1846. — Normandie.
Par *The Juggler*, P. S. A., et une 1/2 s. N., par Cleveland, 1/2 s. A.
La Roche-sur-Yon : 1850-1860.

822. **MADRIGAL**, 1/2 s. N. — H. N.
B. 1845. — Normandie.
Par *Friedland*, P. S. A., et une 1/2 s. N., par Y. Rattler, 1/2 s. A.
La Roche-sur-Yon : 1850-1860.

823. **MAGE**, 1/2 s. N. — H N.
B. 1824. — Normandie.
Par *Y. Topper*, 1/2 s. A., et une 1/2 s. N., par Héraclius, 1/2 s. A.
Saint-Maixent : 1838-1844.

824. **MAGISTRAT**, 1/2 s. N. — H. N.
Al. 1846. — Normandie.
Par *Y. Cydnus*, 1/2 s. A., et *Olivia*, 1/2 s. N., par Eastham, P. S. A.
La Roche-sur-Yon : 1850-1865.

825. **MAGYAR**, 1/2 s. N. — H. N.
B. 1845. — Calvados.
Par *Castor*, 1/2 s. N., et une jument anglaise.
Saintes : 1850-1863.

826. **MAHOMÉTAN**, 1/2 s. N. — H. N.
B. 1867. — Manche.
Par *Essence*, 1/2 s. N., et une 1/2 s. N., par Y. Defense, 1/2 s. A.
La Roche-sur-Yon : 1872-1888.

827. **MAJESTÉ**, 1/2 s. N. — H. N.
B. 1868. — Manche.
Par *Kapirat*, 1/2 s. N., et une 1/2 s. N., par Isolier, P. S. A.
Saintes : 1872-1877.

828. **MALAGA**, 1/2 s. N. — H. N.
B. 1867. — Manche.
Par *Tamerlan*, 1/2 s. N., et une fille de Victorieux, 1/2 s. N.
Saintes : 1872-1888.

829. **MALTHUS**, 1/2 s. N. — H. N.
B. 1868. — Calvados.
Par *Français*, 1/2 s. N., et une fille de Baryton, 1/2 s. N.
La Roche-sur-Yon : 1873-1882.

830. **MAMELUCK**, 1/2 s. N. — H. N.
B. 1868. — Calvados.
Par *Pigeon-Vole*, P. S. A., et une 1/2 s. N.
La Roche-sur-Yon : 1872-1888.

831. **MAN-FRIDAY**, 1/2 s. A. — H. N.
Gr. — Angleterre.
Saintes : 1853-1860.

832. **MARABOUT**, 1/2 s. N. — H. N.
B. 1845. — Normandie.
Par *Excellence*, 1/2 s. N., et *Miss-Allen*, 1/2 s. N.
La Roche-sur-Yon : 1850-1853.

833. **MARENGO**, 1/2 s. N. — H. N.
Al. 1868. — Orne.
Par *Centaure*, 1/2 s. N., et une fille de Valdemar, 1/2 s. N.
Saintes : depuis 1872.

834. **MAROCAIN**, 1/2 s. N. — H. N.
B. 1846. — Normandie.
Par *Sylvio*, P. S. A., et *New-Star*, par Cleveland, 1/2 s. A.
La Roche-sur-Yon : 1850-1852.

835. **MARQUIS**, 1/2 s. N. — H. N.
B. 1843. — Normandie.
Par *Lottery*, P. S. A., et une 1/2 s. N., par Impérieux, 1/2 s. N.
La Roche-sur-Yon : 1848-1849.

836. **MARQUIS**, 1/2 s. A. — H. N.
Al. 1854. — Angleterre.
De race Suffolk.
La Roche-sur-Yon : 1867-1873.

837. **MARQUIS**, 1/2 s. N. — H. N.
Al. 1867. — Calvados.
Par *Weatherden*, P. S. A., et une fille de Succès, 1/2 s. N.
Saintes : 1872-1887.

838. **MARTAGON**, 1/2 s. N. — H. N.
B. 1868. — Manche.
Par *Giboyer*, 1/2 s. N., et une fille de Karbout, 1/2 s. N.
La Roche-sur-Yon : 1872-1873.

839. **MARTEL**, 1/2 s. N. — H. N.
B. 1846. — Normandie.
Par *Doyen*, 1/2 s. N., et *Thalie*, 1/2 s. N., par Paradox, P. S. A.
La Roche-sur-Yon : 1850-1857.

840. **MASCARA**, 1/2 s. Barbe (approuvé).
M. Goumard.
Gr. 1872. — Afrique.
De race Barbe.
Saintes : 1878-1880.

841. **MASSÉNA**, 1/2 s. N. — H. N.
Al. 1868. — Calvados.
Par *Vice-Roi*, 1/2 s. N., et une fille de Succès, 1/2 s. N.
La Roche-sur-Yon : 1872-1877.

842. **MATCHLESS**, 1/2 s. A. — H. N.
B. 1855. — Angleterre.
Par *Willesden*, 1/2 s. A., et une 1/2 s. A.
La Roche-sur-Yon : 1870-1874.

843. **MÉMORABLE**, 1/2 s. N. — H. N.
Al. 1868. — Orne.
Par *Séducteur*, 1/2 s. N., et une fille de Centaure, 1/2 s. N.
Saintes : 1872-1875.

844. **MENASSER**, 1/2 s. Ar. — M. Rieffel.
Gr. 1844. — France.
Par *Bény*, 1/2 s. Ar., et *Gazelle*, jument barbe.
La Roche-sur-Yon : 1848-1864.

845. **MESSAGER**, 1/2 s. N. — H. N.
B. 1868. — Orne.
Par *Esculape*, 1/2 s. N., et une 1/2 s. N., par Saklawi, P. S. Ar.
La Roche-sur-Yon : 1872-1887.

846. **MICHEL**, 1/2 s. N. — H. N.
B. 1867. — Calvados.
Par *Utrecht*, 1/2 s. N., et une 1/2 s. N., par Tipple-Cider, P. S. A.
Saintes : 1872-1878.

847. **MILON**, 1/2 s. N. — H. N.
B. 1828. — Normandie.
Par *Copper-Captain*, P. S. A., et une 1/2 s. N., par Tigris, P. S. A.
La Roche-sur-Yon : 1839-1841.

848. **MISANTHROPE**, 1/2 s. N. — H. N.
B. 1863. — Calvados.
Par *The Nemrod*, 1/2 s. A., et *Hervine*, par Troarn, 1/2 s. N.
Saintes : 1868-1869.

849. **MITHRIDATE**, 1/2 s. N. — H. N.
B. 1824. — Normandie.
Par *Edgard*, 1/2 s. N., et une 1/2 s. N.
La Roche-sur-Yon : 1839.

850. **MOLIÈRE**, 1/2 s. N. — H. N.
B. 1844. — Normandie.
Par *Emule*, 1/2 s. N., et *Voltairienne*, par Voltaire, 1/2 s. N.
La Roche-sur-Yon : 1850-1868.

851. **MOLITOR**, 1/2 s. N. — H. N.
Al. 1839. — Normandie.
Par *Lottery*, P. S. A., et une 1/2 s. N., par Y. Rattler, 1/2 s. A.
La Roche-sur-Yon : 1843.

852. **MONASSOR**, 1/2 s. Barbe. — H. N.
Gr. 1844. — Algérie.
Père et mère : d'origine Barbe.
La Roche-sur-Yon : 1848.

853. **MYOSOTIS**, 1/2 s. N. — H. N.
Al. 1868. — Calvados.
Par *The Heir-of-Linne*, P. S. A., et une fille de Perfection, 1/2 s. N.
La Roche-sur-Yon : 1872-1885.

854. **NABUCHODONOSOR** (approuvé).
M. Thomassin.
B. 1863. — Normandie.
Par *Lucain*, 1/2 s. N., et une fille de Négro, 1/2 s. N.
Saintes : 1871.

855. **NACQUEVILLE**, 1/2 s. N. — H. N.
Al. 1869. — Manche.
Par *Bravo*, P. S. A., et *Agar*, 1/2 s. N., par Perfection, 1/2 s. N.
Saintes : 1873-1884.

856. **NAUCRATE**, 1/2 s. N. — H. N.
Al. 1847. — Manche.
Par *Jason*, P. S. A., et une 1/2 s. N., par Eastham, P. S. A.
Saint-Maixent : 1851-1853. — La Roche-sur-Yon : 1854-1860.

857. **NAXO**, 1/2 s. N. — H. N.
B. 1847. — Normandie.
Par *Egus*, 1/2 s. N., et une fille d'Emule, 1/2 s. N.
Saint-Maixent : 1851-1854.

858. **NAZARETH**, 1/2 s. N. — H. N.
B. 1846. — Orne.
Par *Marmot*, 1/2 s. N., ou *Sylvio*, P. S. A., et *Vénus*, 1/2 s. N.
Saintes : 1851.

859. **NECKER**, 1/2 s. N. — H. N.
Al. 1847. — Normandie.
Par *Ganymède*, 1/2 s. N., et *Financière*, 1/2 s. N., par Y. Rattler, 1/2 s. A.
La Roche-sur-Yon : 1851-1872.

860. **NÉCROMANCIEN**, 1/2 s. N. — H. N.
B. 1847. — Calvados.
Par *Introuvable*, 1/2 s. N., et une fille de Voltaire, 1/2 s. N.
Saintes : 1850-1852.

861. **NECTAR**, 1/2 s. N. — H. N.
B. 1869. — Orne.
Par *Centaure*, 1/2 s. N., et une 1/2 s. N., par Brocardo, P. S. A.
La Roche-sur-Yon : 1873-1891.

862. **NÉFLIER**, 1/2 s. N. — H. N.
Al. 1869. — Manche.
Par *Hussein*, 1/2 s. N., et une 1/2 s. N., par Sir Henry-Dimsdale, 1/2 s. A.
La Roche-sur-Yon : 1873-1877.

863. **NÈGRE**, 1/2 s. N. — H. N.
N. 1847. — Normandie.
Par *Inconstant*, 1/2 s. N., et une 1/2 s. N.
Saint-Maixent : 1851-1853.

864. **NÉPAUL**, 1/2 s. N. — H. N.
Ro. 1869. — Normandie.
Par *Pater*, 1/2 s. N., et une fille de Lionceau, 1/2 s. N.
Saintes : 1872-1889.

865. **NERPRUN**, 1/2 s. N. — H. N.
B. 1869. — Manche.
Par *Giboyer*, 1/2 s. N., et une fille de Riga, 1/2 s. N.
La Roche-sur-Yon : 1873-1884.

866. **NERWINDE**, 1/2 s. N. — H. N.
B. 1869. — Calvados.
Par *Orphelin*, P. S. A., et une 1/2 s. N., par Brimstone, P. S. A.
La Roche-sur-Yon : depuis 1873.

867. **NESSUS**, 1/2 s. N. — H. N.
Bb. 1869. — Calvados.
Par *Agenda*, 1/2 s. N., et une fille de Ravissant, 1/2 s. N.
Saintes : 1873-1885.

868. **NEUBOURG**, 1/2 s. N. — H. N.
B. 1869. — Orne.
Par *Centaure*, 1/2 s. N., et une 1/2 s. N., par Chesterfield-Junior, P. S. A.
La Roche-sur-Yon : 1873-1874.

869. **NEUVILLE**, 1/2 s. N. — H. N.
B. 1847. — Normandie.
Par *Vautour*, 1/2 s. N., et une 1/2 s. N., par Biron, P. S. A.
Saint-Maixent : 1851-1862. — (Abbeville en 1863.)

870. **NEZEL**, 1/2 s. N. — H. N.
B. 1869. — Normandie.
Par *Centaure*, 1/2 s. N., et une 1/2 s. N., par Lanercost, P. S. A.,
Saintes : 1872-1877.

871. **NINIAS**, 1/2 s. A. — H. N.
Al. 1859. — Angleterre.
Par *Fire-Away*, 1/2 s. A., et une fille de Shales, 1/2 s. A.
La Roche-sur-Yon : 1873-1875.

872. **NIQUE**, 1/2 s. N. — H. N.
N. 1869. — Manche.
Par *Dirus*, 1/2 s. N., et *La Navette*, 1/2 s. N.
La Roche-sur-Yon : 1874-1887.

873. **NIVERNAIS**, 1/2 s. — H. N.
B. 1847. — Sarthe.
Par *Voltaire*, 1/2 s. N., et *Sémiramis*, 1/2 s.
Saintes : 1851-1853.

874. **NIVÔSE**, 1/2 s. N. — H. N.
B. 1869. — Normandie.
Par *Beaumanoir*, 1/2 s. N., et une fille de Raglan, 1/2 s. N.
Saintes : 1873-1891.

875. **NORMAND**, 1/2 s. N. (approuvé). — M. Chauveau.
B. 1857. — Normandie.
Saintes : 1863.

876. **NOTUS**, 1/2 s. L. — H. N.
Al. 1839. — Haute-Vienne
Par *Terror*, P. S. A., et une 1/2 s. L.
Saintes : 1850-1854.

877. **NOUGAT**, 1/2 s. N. — H. N.
Al. 1869. — Calvados.
Par *Trouville*, P. S. A., et une 1/2 s. A.
La Roche-sur-Yon : 1873-1874.

878. **NOVUS**, 1/2 s. N. — H. N.
B. 1869. — Orne.
Par *Séducteur*, 1/2 s. N., et une 1/2 s. N., par Fitz-Pantaloon, P. S. A.
La Roche-sur-Yon : 1873-1891.

879. **NOYON**, 1/2 s. N. — H. N.
B. 1869. — Manche.
Par *Great-Master*, P. S. A., et une fille d'Ursin, 1/2 s. N.
La Roche-sur-Yon : 1872-1884.

880. **NULLUS**, 1/2 s. N. — H. N.
B. 1869. — Calvados.
Par *Interprète* ou *Buci*, 1/2 s. N., et une 1/2 s. N., par Ramsay, P. S. A.
Saintes : 1873-1877.

881. **NUZY**, 1/2 s. N. — H. N.
B. 1868. — Normandie.
Par *Ugolin*, 1/2 s. N., et une fille d'Uzel, 1/2 s. N.
Saintes : 1872-1891.

882. **OBÉRON**, 1/2 s. N. — H. N.
B. 1848. — Calvados.
Par *Ganymède*, 1/2 s. N., et une 1/2 s. N., par Prosélyte, 1/2 s. A.
Saintes : 1852-1870.

883. **OBLIGEANT**, 1/2 s. N. — H. N.
B. 1825. — Normandie.
Par *Ajax*, 1/2 s. N., et une 1/2 s. N.
Saint-Maixent : 1838-1839.

884. **OCTAVE**, 1/2 s. B. (approuvé).
Cte Le Gualès de Mezaubran.
B. 1883. — Côtes-du-Nord.
Par *Chassenon* ou *Danube*, P. S. A., et *Olga*, 1/2 s. B., par Beauvais, P. S. A.
Sa grand'mère : Cocotte, 1/2 s. B., par Infaillible, 1/2 s. N.
Sa bisaïeule : Junon, 1/2 s. B., par Cœur-de-Chêne, 1/2 s. N.
Sa trisaïeule : La Grise, 1/2 s. B.
La Roche-sur-Yon : depuis 1891.

885. **OCTAVE**, 1/2 s. N. — H. N.
B. 1848. — Calvados.
Par *Herschell*, 1/2 s. N., et une 1/2 s. N., par Regretté, 1/2 s. N.
Saintes : 1852-1854.

886. **ODON**, 1/2 s. N. — H. N.
Bb. 1848. — Manche.
Par *Hilaire*, 1/2 s. N., et une 1/2 s. N.
Saintes : 1852-1853.

887. **OGIER**, 1/2 s. N. — H. N.
B. 1870. — Manche.
Par *Giboyer*, 1/2 s. N., et une fille de Dartagnan, 1/2 s. N.
Saintes : 1874-1879.

888. **OLIBAN**, ex-**LIBAN**, 1/2 s. N. — H. N.
B. 1870. — Manche.
Par *Malakoff*, 1/2 s. N., et une fille de Talleyrand, 1/2 s. N.
Saintes : 1874-1879.

889. **OLIBRIUS**, 1/2 s. N. — H. N.
B. 1848. — Calvados.
Par *Tipple-Cider*, P. S. A., et une fille de Quartier-Maître, 1/2 s. N.
Saintes : 1852 (Lamballe en 1853).

890. **OLMUTZ**, 1/2 s. N. — H. N.
B. 1848. — Calvados.
Par *Impérial*, 1/2 s. N., et une 1/2 s. N., par Performer, 1/2 s. A.
Saintes : 1852-1868.

891. **OLYMPIEN**, 1/2 s. N.
H. N., 1859 (Approuvé). — M. Poinet, 1864.
B. 1848. — Orne.
Par *Voltaire*, 1/2 s. N., et une fille de Quiberon, 1/2 s. N.
Saint-Maixent : 1852-1863.

892. **OLYMPIEN**, 1/2 s. N. — H. N.
B. 1869. — Calvados.
Par *Ottoman*, 1/2 s. N., et une fille de Nestor, 1/2 s. N.
Saintes : 1874-1887.

893. **OMNIBUS**, 1/2 s. N. — H. N.
B. 1870. — Calvados.
Par *Denmark*, 1/2 s. A., et une fille de Taconnet, 1/2 s. N.
Saintes : 1874-1877.

894. **ONYX**, 1/2 s. L. — H. N.
B. 1840. — Corrèze.
Par *Abou-Arkoub*, P. S. Ar., et *Luma*, 1/2 s. L.
Saintes : 1850-1858.

895. **ORACLE**, 1/2 s. N. — H. N.
B. 1848. — Calvados.
Par *Hollym*, 1/2 s. A., ou *Impérial*, 1/2 s. N., et une fille de Ganymède, 1/2 s. N.
Saintes : 1852-1869.

896. **ORDINAL**, ex-**ORACE**, 1/2 s. N. — H. N.
Bb. 1870. — Manche.
Par *Hussein*, 1/2 s. N., et une fille d'Ugolin, 1/2 s. N.
Saintes : 1874-1887.

897. **ORIFLAMME**, 1/2 s. N. — H. N.
Al. 1870. — Seine-Inférieure.
Par *Liberator*, 1/2 s. A., et une 1/2 s. N., par Coleraine, 1/2 s. A.
La Roche-sur-Yon : 1874-1875.

898. **ORITHUS**, 1/2 s. N. — H. N.
B. 1848. — Normandie.
Par *Voltaire*, 1/2 s. N., et une fille de Doyen, 1/2 s. N.
Saint-Maixent : 1852-1854.

899. **ORMESBY**, 1/2 s. N. — H. N.
B. 1830. — Normandie.
Par *Holbein*, P. S. A., et une 1/2 s. N., par Y. Rattler, 1/2 s. A.
La Roche-sur-Yon : 1841-1843.

900. **ORPHÉON**, 1/2 s. N. — H. N.
B. 1870. — Manche.
Par *Beaumanoir*, 1/2 s. N., et une fille de Dartagnan, 1/2 s. N.
Saintes : 1874-1890.

901. **ORTHOGRAPHE**, 1/2 s. N. — H. N.
B. 1848. — Calvados.
Par *Tipple-Cider*, P. St A., et une 1/2 s. N., par Lucholl, 1/2 s. A.
Saint-Maixent : 1852-1856 (Pompadour en 1857).

902. **ORTOLAN**, 1/2 s. N. — H. N.
B. 1848. — Orne.
Par *William*, P. S. A., et une 1/2 s. N., par Fire-Away, 1/2 s. A.
Saint-Maixent : 1852-1862 (Abbeville en 1863).

903. **ORYTUO**, 1/2 s. N. — H. N.
B. 1848. — Orne.
Par *Voltaire*, 1/2 s. N., et une fille de Doyen, 1/2 s. N.
La Roche-sur-Yon : 1852-1853.

904. **OSCAR**, 1/2 s. N. — H. N.
B. 1826. — Normandie.
Par *King*, 1/2 s. N., et une 1/2 s. N.
Saint-Maixent : 1838-1840.

905. **OSCAR**, 1/2 s. N. — H. N.
B. 1870. — Orne.
Par *Séducteur*, 1/2 s. N., et une 1/2 s. N., par Fitz-Pantaloon, P. S. A.
La Roche-sur-Yon : 1874-1883.

906. **OUADI**, 1/2 s. L. — H. N.
Gr. 1840. — Limousin.
Par *Bédouin*, P. S. Ar., et *Java*, 1/2 s. L.
Saintes : 1850.

907. **OURAGAN**, 1/2 s. N. — H. N.
B. 1870. — Manche.
Par *Félibien*, 1/2 s. N., et une fille de Poulot (trait léger).
La Roche-sur-Yon : 1874-1881.

908. **OURAL**, 1/2 s. N. — H. N.
B. 1870. — Orne.
Par *Centaure*, 1/2 s. N., et une fille de Vladimir, 1/2 s. N., par Sylvio, P. S. A.
Saintes : depuis 1874.

909. **OUTIL**, 1/2 s. N. — H. N.
B. 1848. — Calvados.
Par *The Juggler*, P. S. A., et une fille de Voltaire, 1/2 s. N.
La Roche-sur-Yon : 1852-1860.

910. **OUVRAGÉ**, 1/2 s. N. — H. N.
B. 1870. — Calvados.
Par *Glorieux*, 1/2 s. N., et une fille d'Uzel, 1/2 s. N.
Saintes : 1874-1883.

911. **OXIGÈNE**, 1/2 s. N. — H. N.
Gr. 1848. — Normandie.
Par *Voltaire*, 1/2 s. N., et une fille d'Impérieux, 1/2 s. N.
Saintes : 1853-1868.

912. **PACTOLE**, 1/2 s. N. — H. N.
B. 1871. — Manche.
Par *The Heir-of-Linne*, P. S. A., et une fille de Giboyer, 1/2 s. N.
La Roche-sur-Yon : depuis 1877.

913. **PAGAR**, 1/2. s. A. — H. N.
Al. 1824. — Angleterre.
Par *Pagar*, 1/2 s. A., et une 1/2 s. A., par Wanderer, 1/2 s. A.
La Roche-sur-Yon : 1841.

914. **PAISIBLE**, 1/2 s. N. — H. N.
B. 1848. — Normandie.
Par *Fanfare*, 1/2 s. N., et une 1/2 s. N., par Pick-Pocket, P. S. A.
La Roche-sur-Yon : 1852.

915. **PALINOT**, 1/2 s. N. — H. N.
B. 1871. — Orne.
Par *Carignan*, 1/2 s. N., et une fille de Thésée, 1/2 s. N.
Saintes : 1875-1879.

916. **PAMPHILE**, 1/2 s. N. — H. N.
B. 1871. — Calvados.
Par *Dragon*, P. S. A., et une fille d'Ugolin, 1/2 s. N.
La Roche-sur-Yon : 1875-1884.

917. **PANGLOSS**, 1/2 s. — H. N.
B. 1846. — Cher.
Par *Royal-George*, P. S. A., par Royal-Oak, et une 1/2 s. A.
Saintes : 1853-1863.

918. **PARACOSTE**, 1/2 s. N. — H. N.
B. 1849. — Orne.
Par *Kœnig*, 1/2 s. N., et une 1/2 s. N., par Massoud, P. S. Ar.
Saintes : 1850-1863.

919. **PARFAIT**, 1/2 s. N.
H. N., 1856. — (Approuvé) M. E. de Pully, 1864.
B. 1849. — Normandie.
Par *Important*, 1/2 s. N., et une 1/2 s. N., par Biron, P. S. A.
Saint-Maixent : 1856-1863. — La Roche-sur-Yon : 1864-1868.

920. **PÂRIS**, 1/2 s. N. — H. N.
B. 1871. — Calvados.
Par *Jovial*, 1/2 s. N., et une fille de Jéricko, 1/2 s. N.
Saintes : 1875-1889.

921. **PASQUIN**, 1/2 s. N. — H. N.
Al. 1871. — Manche.
Par *Kolas*, 1/2 s. N., et une fille d'Agenda, 1/2 s. N.
Saintes : 1875-1878.

922. **PASSAGER**, 1/2 s. N. — H. N.
Al. 1871. — Calvados.
Par *Glorieux*, 1/2 s. N., et une fille de Navigateur, 1/2 s. N.
Saintes : 1875-1876.

923. **PASSE-PARTOUT**, 1/2 s. N. — H. N.
B. 1871. — Calvados.
Par *Conquérant*, 1/2 s. N., et *Mina*, 1/2 s. N.
Saintes : 1875-1889.

924. **PASTEL**, 1/2 s. N. — H. N.
Al. 1871. — Calvados.
Par *Isolier*, P. S. A., et une fille d'Ugolin, 1/2 s. N.
La Roche-sur-Yon : 1875-1890.

925. **PASTEUR**, 1/2 s. N. — H. N.
B. 1871. — Calvados.
Par *Ignace*, 1/2 s. N., et une fille d'Umber, 1/2 s. N.
La Roche-sur-Yon : 1875-1876.

926. **PATAPAN**, 1/2 s. N. — H. N.
B. 1871. — Manche.
Par *Quid-Juris*, P. S. A., et une fille d'Essence, 1/2 s. N.
La Roche-sur-Yon : 1875-1891.

927. **PATCHOULY**, 1/2 s. N. — H. N.
B. 1871. — Calvados.
Par *Léotard*, 1/2 s. N., et une 1/2 s. N., par Ferragus, 1/2 s. N.
Saintes : 1875-1889.

928. **PATIENT**, 1/2 s. N. — H. N.
B. 1827. — Normandie.
Par *Y. Topper*, 1/2 s. A., et *Vallée-d'Auge*, 1/2 s. N., par Hottot, 1/2 s. N., par Jaggar, 1/2 s. .A
Saint-Maixent : 1832-1844.

929. **PÂTRE**, 1/2 s. N. — H. N.
B. 1871. — Orne.
Par *Désiré*, 1/2 s. N., et une fille de Galion, 1/2 s. N.
La Roche-sur-Yon : 1875-1882.

930. **PATRON**, 1/2 s. N.
H. N., 1853. — M. Quintard, 1864.
Gr. 1849. — Normandie.
Par *Sir Henry-Dimsdale*, 1/2 s. A., et une fille de Pégase, 1/2 s. N.
Saint-Maixent : 1853-1863. — La Roche-sur-Yon : 1864-1870.

931. **PAYSAN**, 1/2 s. N. — H. N.
Gr. 1849. — Orne.
Par *Doyen*, 1/2 s. N., et une fille d'Oscar, 1/2 s. N.
Saint-Maixent : 1853-1863.

932. **PELOTON**, 1/2 s. N. — H. N.
B. 1871. — Manche.
Par *Bravo*, P. S. A., et *Rosette*, 1/2 s. N.
La Roche-sur-Yon : 1875-1878.

933. **PERMUTANT**, 1/2 s. N. — H. N.
B. 1871. — Manche.
Par *Tamerlan*, 1/2 s. N., et une fille de Victorieux, 1/2 s. N.
La Roche-sur-Yon : 1875-1888.

934. **PERUZZI**, 1/2 s. — H. N.
Gr. 1852.
Saintes : 1863-1869.

935. **PHAÉTON**, 1/2 s. N. — H. N.
B. 1831. — Normandie.
Par *Eastham*, P. S. A., et une 1/2 s. N., par Highflyer, 1/2 s. A.
Saint-Maixent : 1838-1839. — La Roche-sur-Yon : 1840-1845.

936. **PHIDIAS**, 1/2 s. N. — H. N.
B. 1871. — Calvados.
Par *Dragon*, P. S. A., et une fille de Succès, 1/2 s. N.
La Roche-sur-Yon : 1875-1888.

937. **PHILOCTÈTE**, ex-**PAGE**, 1/2 s. N. — H. N.
Al. 1871. — Manche.
Par *Dictateur* ou *Volant*, 1/2 s. N., et une fille de Priam, 1/2 s. N.
La Roche-sur-Yon : 1875-1884.

938. **PHŒNIX**, 1/2 s. L. — H. N.
Al. 1826. — Limousin.
Par *Pompadour*, 1/2 s. L., et *Fine*, P. S. Ar.
La Roche-sur-Yon : 1840-1841.

939. **PHŒNIX**, 1/2 s. N. — H. N.
Al. 1848. — Normandie.
Par *Impérieux*, 1/2 s. N., et une 1/2 s. N., par Coriolan, 1/2 s. N.
La Roche-sur-Yon : 1864-1868.

940. **PILE-OU-FACE**, 1/2 s. N. — H. N.
B. 1849. — Normandie.
Par *Hospodar*, 1/2 s. N., et *Syrène*, P. S. A., par Mustachio, P. S. A.
La Roche-sur-Yon : 1853.

941. **PILOTE**, 1/2 s. N. — H. N.
B. 1871. — Manche.
Par *Agenda*, 1/2 s. N., et une fille d'Alma, 1/2 s. N.
La Roche-sur-Yon : 1875-1883.

942. **PINACLE**, 1/2 s. N. — H. N.
Al. 1871. — Orne.
Par *Carignan*, 1/2 s. N., et une fille de Francfort, 1/2 s. N.
Saintes : 1875-1877.

943. **PIONNIER**, 1/2 s. N.
H. N., 1853 (approuvé), 1855.
B. 1849. — Normandie.
Par *Junot*, 1/2 s. N., et *Régate*, 1/2 s. N., par Pilott, 1/2 s. A.
La Roche-sur-Yon : 1853-1856.

944. **PLATANE**, 1/2 s. N. — H. N.
B. 1871. — Manche.
Par *Giboyer*, 1/2 s. N., et une 1/2 s. N., par Eylau, P. S. A. A.
Saintes : 1875-1888.

945. **PLATOFF**, 1/2 s. R. — H. N.
B. — Russie.
Saintes : 1868-1878.

946. **PLUTON**, 1/2 s. N. — H. N.
B. 1871. — Manche.
Par *Hussein*, 1/2 s. N., et une fille d'Uzel, 1/2 s. N.
La Roche-sur-Yon : 1875-1876.

947. **POLLUX**, 1/2 s. N. — H. N.
B. 1871. — Manche.
Par *Giboyer*, 1/2 s. N., et une fille de Lagopède, 1/2 s. N.
La Roche-sur-Yon : 1875-1891.

948. **POLYEUCTE**, 1/2 s. N. — H. N.
B. 1849. — Normandie.
Par *Voltaire*, 1/2 s. N., et une 1/2 s. N., par Eastham, P. S. A.
La Roche-sur-Yon : 1853-1857.

949. **PORPHYRION**, 1/2 s. N. — H. N.
B. 1849. — Normandie.
Par *Képi*, 1/2 s. N., et une fille de Xerxès, 1/2 s. N.
La Roche-sur-Yon : 1855.

950. **PORTHOS**, 1/2 s. N. — H. N.
B. 1871. — Manche.
Par *Jarnac*, 1/2 s. N., et une fille de *Rapide*, 1/2 s. N.
La Roche-sur-Yon : 1875-1888.

951. **POSITIF**, 1/2 s. N. — H. N.
B. 1849. — Calvados.
Par *Governor*, P. S. A., et une fille de Voltaire, 1/2 s. N.
Saintes. — 1853-1870.

952. **POTENTAT**, 1/2 s. L. — H. N.
B. 1845. — Limousin.
Par *Napoléon*, P. S. A., et Arabia, 1/2 s. L., par Antar, P. S. Ar.
La Roche-sur-Yon : 1850-1853.

953. **PRATICIEN**, 1/2 s. N. — H. N.
B. 1849. — Normandie.
Par *Voltaire*, 1/2 s. N., et une fille de Chasseur, 1/2 s. N.
La Roche-sur-Yon : 1853.

954. **PRÉCIEUX**, 1/2 s. N. — H. N.
Al. 1849. — Normandie.
Par *Kenilworth*, 1/2 s. N., et une fille d'Impérieux, 1/2 s. N.
Sa grand'mère : fille de Pretender, 1/2 s. A.
La Roche-sur-Yon : 1853-1858.

955. **PRÉTENDU**, 1/2 s. N. — H. N.
B. 1871. — Calvados.
Par *Français*, 1/2 s. N., et une fille de Fleuron, 1/2 s. N.
Saintes : 1875-1878.

956. **PRINCE**, 1/2 s. R. (approuvé).
M. E. Arnauldet.
B. 1864. — Russie.
De race Orloff.
La Roche-sur-Yon : 1876-1882.

957. **PRINCE-ROYAL**, 1/2 s. A. — H. N.
Al. 1871. — Angleterre.
Par *Ambition*, 1/2 s. A., et une fille de Old-Prickwilloss, 1/2 s. A.
La Roche-sur-Yon : 1876-1881 (Lamballe en 1882).

958. **PRIVAS**, 1/2 s. N. — H. N.
B. 1871. — Calvados.
Par *Argos*, 1/2 s. N., et une fille de Fernando, 1/2 s. N.
La Roche-sur-Yon : 1875-1876.

959. **PRODIGE**, 1/2 s. N. — H. N.
Al. 1871. — Calvados.
Par *Ursin*, 1/2 s. N., et une fille de Nemrod, 1/2 s. N.
Saintes : 1875.

960. **PROFANE**, 1/2 s. N. — H. N.
B. 1847. — Normandie.
Par *Adolphus*, P. S. A., et une fille de Rapide, 1/2 s. N., par Orgon, 1/2 s. N.
La Roche-sur-Yon : 1853-1868.

961. **PROFOND**, 1/2 s. N. — H. N.
B. 1849. — Calvados.
Par *The Juggler*, P. S. A., et une fille de Mahomet, 1/2 s. N.
Saintes : 1853-1855.

962. **PROGRÈS**, 1/2 s. N. — H. N.
N. 1849. — Normandie.
Par *Tipple-Cider*, P. S. A., et une 1/2 s. A., par Octavius, 1/2 s. A.
La Roche-sur-Yon : 1853.

963. **PRONOSTIC**, 1/2 s. N. — H. N.
Al. 1871. — Orne.
Par *Désiré*, 1/2 s. N., et une fille d'Idalis, 1/2 s. N.
Saintes : 1875-1879.

964. **PROPHÈTE**, 1/2 s. N. — H. N.
Bb. 1849. — Calvados.
Par *Jayet*, 1/2 s. N., et une fille de Xariphus, 1/2 s. N.
Saintes : 1853-1854.

965. **PUISET**, 1/2 s. N. — H. N.
B. 1871. — Manche.
Par *Kahel*, 1/2 s. N., et une 1/2 s. N., par Adolphus, P. S. A.
Saintes : 1875-1883.

966. **PUISSANT**, 1/2 s. N. — H. N.
Gr. 1849. — Normandie.
Par *Kurde*, 1/2 s. N., et une 1/2 s. N., par Sir Henry-Dimsdale, 1/2 s. A.
La Roche-sur-Yon : 1864-1870.

967. **PYGMALION**, 1/2 s. N. — H. N.
B. 1849. — Orne.
Par *Lacour*, 1/2 s. N., et une 1/2 s. N., par Eylau, P. S. A. A.
Saint-Maixent : 1853-1861.

968. **PYTHON**, ex-**ORLOFF**, 1/2 s. N. — H. N.
Al. 1870. — Manche.
Par *Agenda*, 1/2 s. N., et une fille de Divus, 1/2 s. N.
Saintes : 1875-1891.

969. **QUADRIFIDE**, 1/2 s. N. — H. N.
B. 1872. — Normandie.
Par *Agenda*, 1/2 s. N., et une 1/2 s. N., par Royal-Quand-Même.
P. S. A.
Saintes : 1875-1889.

970. **QUADRIGA**, 1/2 s. N. — H. N.
B. 1850. — Calvados.
Par *Lycaon*, 1/2 s. N., et une jument percheronne.
Saintes : 1853-1863.

971. **QUADRIGA**, 1/2 s. N. — H. N.
B. 1872. — Normandie.
Par *Torticolis*, P. S. A., et une fille de Victorieux, 1/2 s. N.
Saintes : 1876-1882.

972. **QUADRIGE**, 1/2 s. N. — H. N.
B. 1850. — Orne.
Par *Prince-Caradoc*, P. S. A., et une fille de Diomède, 1/2 s. N.
Saintes : 1853-1860.

973. **QUADRUPÈDE**, 1/2 s. N. — H. N.
B. 1850. — Calvados.
Par *Honorable*, 1/2 s. N., et une fille d'Impérieux, 1/2 s. N.
Saintes : 1853-1854.

974. **QUANTIÈME**, 1/2 s. N. — H. N.
B. 1850. — Calvados.
Par *Glocester*, 1/2 s. A., et une 1/2 s. N.
Saintes : 1854-1859. — Saint-Maixent : 1860-1863.

975. **QUART**, 1/2 s. N. — H. N.
B. 1872. — Manche.
Par *Ignoré* 1/2 s. N., et une 1/2 s. N.
La Roche-sur-Yon : 1876-1887.

976. **QUARTER**, 1/2 s. N. — H. N.
Al. 1850. — Manche.
Par *Carnassier*, 1/2 s. N., et une 1/2 s. N., par Marengo,
P. S. A.
Saintes : 1853-1859.

977. **QUATRE-TEMPS**, 1/2 s. N. — H. N.
Bb. 1872. — Normandie.
Par *Telegraph*, P. S. A., et une 1/2 s. N., par Phœnomenon, 1/2 s. A.
Saintes : 1876-1878.

978. **QUATREVAUX**, ex-**QUAKER**, 1/2 s. N. H. N.
B. 1872. — Manche.
Par *Cultivateur*, 1/2 s. N., et une fille de Paddy, 1/2 s. N.
La Roche-sur-Yon : 1876-1885.

979. **QUATRIMONE**, 1/2 s. N. — H. N.
B. 1872. — Normandie.
Par *Beaumanoir*, 1/2 s. N. et une 1/2 s. N., par Paladin, P. S. A.
Saintes : 1876-1880.

980. **QU'EN-DIRA-T-ON**, 1/2 s. N. — H. N.
Al. 1872. — Manche.
Par *Pater* ou *Ignoré*, 1/2 s. N., et une fille de Kapirat, 1/2 s. N.
La Roche-sur-Yon : 1876-1879.

981. **QUENNEVILLE**, 1/2 s. N. — H. N.
B. 1872. — Manche.
Par *Jaïr*, 1/2 s. N., et *Cocotte* (trait).
La Roche-sur-Yon : depuis 1876.

982. **QUERELLEUR**, 1/2 s. N. — H. N.
B. 1827. — Normandie.
Par *Inconstant*, 1/2 s. N., et une 1/2 s. N.
Saint-Maixent : 1834-1840.

983. **QUESNAY**, 1/2 s. N. — H. N.
Bb. 1872. — Normandie.
Par *Vice-Roi* ou *Uzel*, 1/2 s. N., et *Brebis*, 1/2 s. N.
Saintes : 1875-1889.

984. **QUESTION**, 1/2 s. N. — H. N.
B. 1872. — Manche.
Par *Egésippe*, 1/2 s. N., et une 1/2 s. N.
La Roche-sur-Yon : 1876.

985. **QUESTEMBERT**, 1/2 s. N. — H. N.
B. 1850. — Calvados.
Par *Rinaldo*, P. S. A., et une 1/2 s. N., par Marcellus, P. S. A., par Selim, P. S. A.
Saintes : 1853-1869 (Villeneuve en 1870).

986. **QUESTIONNAIRE**, ex-**QUINTAL**, 1/2 s. N. H. N.
B. 1872. — Calvados.
Par *Dragon*, 1/2 s. N., et une fille d'Ulysse, 1/2 s. N.
La Roche-sur-Yon : 1876-1881.

987. **QUEYMADÉRO**, 1/2 s. N. — H. N.
Al. 1872. — Manche.
Par *Lord*, 1/2 s. N., et une fille d'Egésippe, 1/2 s. N.
La Roche-sur-Yon : depuis 1876.

988. **QUIBBLER**, 1/2 s. N. — H. N.
B. 1872. — Normandie.
Par *Pater*, 1/2 s. N., et une fille de Divus, 1/2 s. N.
Saintes : 1876-1889.

989. **QUID**, 1/2 s. N. — H. N.
Bb. 1872. — Normandie.
Par *Introuvable*, 1/2 s. N., et une 1/2 s. N.
Saintes : 1876-1889.

990. **QUID-LIBET**, 1/2 s. N. — H. N.
N. 1872. — Manche.
Par *Josaphat*, 1/2 s. N., et une fille de Radical, 1/2 s. N.
La Roche-sur-Yon : 1876-1887.

991. **QUIKOS**, 1/2 s. N. — H. N.
B. 1872. — Normandie.
Par *Beaumanoir*, 1/2 s. N., et une 1/2 s. N., par Ramsay, P. S. A.
Saintes : 1876-1886.

992. **QUILLEBŒUF**, 1/2 s. N. — H. N.
Al. 1872. — Normandie.
Par *Pater*, 1/2 s. N., et une 1/2 s. N., par Sammam, P. S. Ar.
Saintes : 1876-1885.

993. **QUIMOS**, ex-**QUIBUS**, 1/2 s. N. — H. N.
B. 1872. — Manche.
Par *Agenda*, 1/2 s. N., et une fille de Kapirat, 1/2 s. N.
La Roche-sur-Yon : 1876-1882.

994. **QUINAULT**, 1/2 s. N. — H. N.
B. 1872. — Orne.
Par *Centaure*, 1/2 s. N., et *Séduisante*, par Esculape, 1/2 s. N.
La Roche-sur-Yon : 1876-1889.

995. **QUINCAILLER**, 1/2 s. N. — H. N.
B. 1872. — Normandie.
Par *Désiré*, 1/2 s. N., et une fille de Galion, 1/2 s. N.
Saintes : 1876-1882.

996. **QUINOLA**, 1/2 s. N. — H. N.
Al. 1872. — Calvados.
Par *Ignace*, 1/2 s. N., et une 1/2 s. N., par Chesterfield-Junior, P. S. A.
La Roche-sur-Yon : 1876-1890.

997. **QUINQUET**, 1/2 s. N. — H. N.
B. 1872. — Normandie.
Par *Gotha*, 1/2 s. N., et une fille d'Ugolin, 1/2 s. N.
Saintes : 1876-1889.

998. **QUINSON**, 1/2 s. N. — H. N.
B. 1872. — Normandie.
Par *Ducantal*, 1/2 s. N., et une fille d'Ugolin, 1/2 s. N.
Saintes : depuis 1876.

999. **QUINTAL**, 1/2 s. N. — H. N.
B. 1850. — Orne.
Par *William*, P. S. A., et une 1/2 s. N., par Glocester, 1/2 s. A.
Saintes : 1853-1858.

1000. **QUIPROQUO**, 1/2 s. N. — H. N.
B. 1850. — Normandie.
Par *Don-Quichotte*, P. S. A. A., et une 1/2 s. N.
Saint-Maixent : 1854-1863.

1001. **QUIRAT**, 1/2 s. N. — H. N.
B. 1872. — Calvados.
Par *Vingt-Mars*, P. S. A., et une fille de Rudolphi, 1/2 s. N.
La Roche-sur-Yon : 1876-1889.

1002. **QUIRIN**, 1/2 s. N. — H. N.
B. 1872. — Calvados.
Par *Unau*, 1/2 s. N., et une 1/2 s. N., par Sir Henry-Dimsdale, 1/2 s. A.
La Roche-sur-Yon : 1876-1885.

1003. **QUISANA**, 1/2 s. N. — H. N.
B. 1828. — Normandie.
Par *Necker*, 1/2 s. N., et une 1/2 s. N.
Saint-Maixent : 1838-1844.

1004. **QUITTER**, 1/2 s. N. — H. N.
Al. 1872. — Normandie.
Par *Jactator*, 1/2 s. N., et une 1/2 s. N., par Coleraine, 1/2 s. A.
Saintes : 1876-1889.

1005. **QUI-VIVE!**, 1/2 s. N. — H. N.
B. 1872. — Normandie.
Par *Lavater*, 1/2 s. N., et une fille de Thèsée, 1/2 s. N.
Saintes : 1876-1885.

1006. **QUOTIENT**, 1/2 s. N. — H. N.
B. 1850. — Manche.
Par *Favori*, 1/2 s. N., et une 1/2 s. N., par Y. Cydnus, 1/2 s. A.
Saint-Maixent : 1854-1862 (Abbeville en 1863).

1007. **RACAHOUT**, 1/2 s. N. — H. N.
Al. 1851. — Orne.
Par *Voltaire*, 1/2 s. N., et une 1/2 s. N., par Sylvio, P. S. A.
Saintes : 1855-1858.

1008. **RAIMBOW-RATTLER**, 1/2 s. A. — H. N.
Bb. 1859. — Angleterre.
Par *Brown-Orville*, 1/2 s. A., et une fille de Corrector, 1/2 s. A.
Saintes : 1866-1874.

1009. **RAMBLER**, 1/2 s. A. — H. N.
B. 1831. — Irlande.
Par *Tom-Shanter*, 1/2 s. A., et une 1/2 s. A., par Swift, 1/2 s. A.
Saint-Maixent : 1837-1846. — La Roche-sur-Yon : 1847-1853.

1010. **RANDAM**, 1/2 s. N. — H. N.
B. 1851. — Calvados.
Par *Jocko*, P. S. A., et *Adeline*, 1/2 s. N., par Sir Henry-Dimsdale, 1/2 s. A.
La Roche-sur-Yon : 1855-1871.

1011. **RAPIN**, 1/2 s. N. — H. N.
Al. 1873. — Normandie.
Par *Idoménée*, 1/2 s. N., et une 1/2 s. N., par Lahore, 1/2 s. A.
Saintes : depuis 1877.

1012. **RAPP**, 1/2 s. N. — H. N.
Al. 1873. — Normandie.
Par *Lion-d'Or*, 1/2 s. N., et une 1/2 s. N., par Sammam, P. S. Ar.
Saintes : 1877-1882.

1013. **RAVISSANT**, 1/2 s. N. — H. N.
B. 1873. — Manche.
Par *Pretty-Boy*, P. S. A., et une fille de Ravissant, 1/2 s. N.
La Roche-sur-Yon : 1877-1883.

1014. **RAYMOND**, 1/2 s. N. — H. N.
B. 1873. — Orne.
Par *Condé*, 1/2 s. N., et une 1/2 s. N., par Fitz-Pantaloon, P. S. A.
La Roche-sur-Yon : 1877-1887.

1015. **RÉBUS**, 1/2 s. N. — H. N.
B. 1873. — Normandie.
Par *Impérial*, 1/2 s. N., et une 1/2 s. N., par Ferragus, 1/2 s. N.
Saintes : depuis 1877.

1016. **RÉGENT**, 1/2 s. N. — H. N.
Al. 1828. — Normandie.
Par *Eastham*, P. S. A., et une 1/2 s. N., par Highflyer, 1/2 s. A.
Saint-Maixent : 1833-1846. — La Roche-sur-Yon : 1847-1851.

1017. **REIMS**, 1/2 s. N. — H. N.
B. 1851. — Calvados.
Par *Jéricko*, 1/2 s. N., et une fille d'Aï, 1/2 s. N.
Saint-Maixent : 1856-1861.

1018. **RENÉ**, 1/2 s. N. — H. N.
B. 1873. — Normandie.
Par *Trouville*, P. S. A., et une fille de Séducteur, 1/2 s. N.
Saintes : 1884.

1019. **RENOVATOR**, 1/2 s. A. — H. N.
B. 1861. — Angleterre.
Par *Devonshire* ou *Raimbow*, 1/2 s. A., et une fille de Shales-Merry, 1/2 s. A.
La Roche-sur-Yon : 1871.

1020. **REVERSI**, 1/2 s. N. — H. N.
B. 1851. — Calvados.
Par *Polecat*, P. S. A., et une fille d'Impérieux, 1/2 s. N.
Saintes : 1854-1857. — Saint-Maixent : 1858-1860.

1021 **RÊVEUR**, 1/2 s. N. — H. N.
B. 1873. — Normandie.
Par *Intrépide*, 1/2 s. N., et une 1/2 s. N., par Trouville, P. S. A.
Saintes : 1877-1886.

1022. **REYNOLDS**, 1/2 s. N. — H. N.
Al. 1873. — Calvados.
Par *Conquérant*, 1/2 s. N., et *Miss-Pierce*, par Succès, 1/2 s. N.
Sa grand'mère : Lady-Pierce (américaine).
La Roche-sur-Yon : 1878-1879 (Saint-Lô en 1880).

1023. **RICHARDSON**, 1/2 s. N. — H. N.
B. 1873. — Manche.
Par *Josaphat*, 1/2 s. N., et une fille de Lionceau, 1/2 s. N.
La Roche-sur-Yon : depuis 1877.

1024. **RIFFLE-BOY**, 1/2 s. A. — H. N.
Al. 1859. — Angleterre.
La Roche-sur-Yon : 1871.

1025. **RIMINI**, 1/2 s. N. — H. N.
Gr. 1851. — Normandie.
Par *Sir Henry-Dimsdale*, 1/2 s. A., et une fille de Boucanier, 1/2 s. N.
Saintes : 1863-1867.

1026. **ROBIN-HOOD**, 1/2 s. A — H. N.
B. 1844. — Angleterre.
Par *Swift*, 1/2 s. A., et *Betty*, par Glocester, 1/2 s. A.
La Roche-sur-Yon : 1866-1870.

1027. **ROB-ROY**, 1/2 s. A. — H. N.
Gr. 1829. — Angleterre.
Par *Rob-Roy*, 1/2 s. A., et une fille de Cromwell, 1/2 s. A.
La Roche-sur-Yon : 1839-1840.

1028. **ROC**, 1/2 s. N. — H. N.
B. 1873. — Normandie.
Par *Hussein*, 1/2 s. N., et une fille de Sinope, 1/2 s. N.
Saintes : 1877-1888.

1029. **RÔDEUR**, 1/2 s. N. — H. N.
B. 1873. — Manche.
Par *Beaumanoir*, 1/2 s. N., et une fille de Victorieux, 1/2 s. N.
La Roche-sur-Yon : 1877-1878.

1030. **ROGER-BONTEMPS**, 1/2 s. N. — H. N.
B. 1851. — Normandie.
Par *Volcano*, P. S. A., et une 1/2 s. N., par Napoléon, P. S. A.
Saint Maixent : 1855-1863.

1031. **ROMANTIQUE**, 1/2 s. N. — H. N.
B. 1829. — Normandie.
Par *Pilott*, 1/2 s. A., et une 1/2 s. N.
Saint-Maixent : 1833-1855.

1032. **ROQUELAURE**, 1/2 s. N. — H. N.
Al. 1851. — Orne.
Par *Tipple-Cider*, P. S. A., et une fille de Voltaire, 1/2 s. N.
Saintes : 1855-1865.

1033. **ROSSINI**, 1/2 s. N. — H. N.
B. 1873. — Manche.
Par *Va-de-bon-Cœur*, 1/2 s. N., et une fille d'Idoménée, 1/2 s. N.
La Roche-sur-Yon : 1877-1885.

1034. **ROUGET**, 1/2 s. N. — H. N.
B. 1851. — Calvados.
Par *Polecat*, P. S. A., et une fille de Galion, 1/2 s. N.
Saintes : 1854-1873.

1035. **ROUTIER**, 1/2 s. N. — H. N.
Al. 1851. — Calvados.
Par *Dorus*, 1/2 s. N., et une 1/2 s. N., par Talma, 1/2 s. A.
Saintes : 1855-1865.

1036. **RUBAN**, 1/2 s. N. — H. N.
B. 1851. — Calvados.
Par *Polecat*, P. S. A., et une fille de Benvenuto, 1/2 s. N.
Saintes : 1854-1872.

1037. **RUBICON**, 1/2 s. N.
H. N., 1855. — (Approuvé) M. Jourdain, 1864
B. 1851. — Manche.
Par *Favori* ou *Lagopède*, 1/2 s. N., et une 1/2 s. N., par Marengo, P. S. A. A.
Saint-Maixent : 1855-1863. — La Roche-sur-Yon : 1864-1869.

1038. **RUBINI**, 1/2 s. N. — H. N.
B. 1851. — Orne.
Par *Voltaire*, 1/2 s. N., et une 1/2 s. A.
Saintes : 1854-1865.

1039. **RUMEX**, ex-**RICHEMOND**, 1/2 s. N.
H. N.
B. 1873. — Manche.
Par *Egésippe*, 1/2 s. N., et une fille de Riga, 1/2 s. N.
La Roche-sur-Yon : depuis 1877.

1040. **RUSSEL**, ex-**ROMULUS**, 1/2 s. N.
H. N.
B. 1873. — Manche.
Par *Kabin*, 1/2 s. N., et une 1/2 s. N., par Vandermulin, P. S. A.
La Roche-sur-Yon : 1877-1878.

1041. **RUYSDAËL**, 1/2 s. N. — H. N.
Bb. 1873. — Normandie.
Par *Kilomètre*, 1/2 s. N., et une fille de Prince, 1/2 s. N.
Saintes : 1877-1879.

1042. **RUYTER**, 1/2 s. N. — H. N.
Al. 1873. — Normandie.
Par *Pretty-Boy*, P. S. A., et une fille de Jarnac, 1/2 s. N.
Saintes : 1877-1885.

1043. **SABINUS**, ex-**RÉMUS**, 1/2 s. N. — H. N.
B. 1873. — Orne.
Par *Taconnet*, 1/2 s. N., et une fille de Centaure, 1/2 s. N.
La Roche-sur-Yon : 1878-1880.

1044. **SAINT-DIZIER**, 1/2 s. N. — H. N.
B. 1874. — Calvados.
Par *Ugolin*, 1/2 s. N., et *Romaine*, P. S. A., par Affidavit, P. S. A.
La Roche-sur-Yon : 1878-1881.

1045. **SAKLAWI**, 1/2 s. Ar. — H. N.
1840. — Egypte.
La Roche-sur-Yon : 1848-1849 (Villeneuve-sur-Lot en 1850).

1046. **SALAMYRE**, 1/2 s. N. — H. N.
B. 1874. — Calvados.
Par *Léotard*, 1/2 s. N., et *Lisette*, par Glorieux, 1/2 s. N.
Saintes : 1877-1887.

1047. **SALEM**, 1/2 s. Barbe. — H. N.
Gr. 1866. — Afrique.
La Roche-sur-Yon : 1874-1887.

1048. **SALTIMBANQUE**, 1/2 s. N. — H. N.
Bb. 1850. — Calvados
Par *Marengo*, P. S. A. A., et une fille de Sauvage, 1/2 s. N.
Saintes : 1856-1867.

1049. **SANCY**, 1/2 s. N. — H. N.
B. 1874. — Orne.
Par *Sincerity*, P. S. A., et *Charlotte*, par Héliotrope, 1/2 s. N.
Saintes : depuis 1888.

1050. **SATELLITE**, 1/2 s. N. — H. N.
B. 1873. — Orne.
Par *Abrantès*, 1/2 s. N., et une fille de Thésée, 1/2 s. N.
La Roche-sur-Yon : 1878-1881.

1051. **SAUTEUR**, 1/2 s. N. — H. N.
B. 1850. — Calvados.
Par *Polecat*, P. S. A., et une fille de Voltaire, 1/2 s. N.
Saintes : 1853-1869.

1052. **SÉDUISANT**, 1/2 s. N. — H. N.
Bb. 1852. — Normandie.
Par *Ramsay*, P. S. A., et une 1/2 s. N.
Saintes : 1859-1867.

1053. **SEM**, ex-**SOUVENIR**, 1/2 s. N. — H. N.
B. 1874. — Manche.
Par *Newton*, 1/2 s. N., et une fille de Jongleur, 1/2 s. N.
La Roche-sur-Yon : depuis 1878.

1054. **SÉNÉCHAL**, 1/2 s. N. — H. N.
B. 1852. — Manche.
Par *Marengo*, P. S. A. A., et une fille de Saumon, 1/2 s. N.
La Roche-sur-Yon : .1856-1861.

1055. **SÉRIOSNOY**, 1/2 s. R. — H. N.
Gr. 1863. — Russie.
De race Orloff.
La Roche-sur-Yon : 1871-1875.

1056. **SHÉRIF**, ex-**SOLO**, 1/2 s. N. — H. N.
N. 1874. — Manche.
Par *J'y-Songerai*, 1/2 s. N., et une fille de Jarnac, 1/2 s. N.
La Roche-sur-Yon : 1878-1887.

1057. **SHY-ROBIN**, 1/2 s. Norf. — H. N.
B. 1874. — Angleterre.
Par *Israëli*, 1/2 s. A., et une fille de Sir-Charles, 1/2 s. A.
Saintes : depuis 1880.

1058. **SIDI-LARIBI**, 1/2 s. Barbe. — H. N.
Gr. 1848. Afrique.
Saint-Maixent : 1852 (Tarbes en 1853).

1059. **SILLON**, 1/2 s. N. — H. N.
B. 1874. — Manche.
Par *Marco-Spada*, 1/2 s. N., et une fille de Dimanche, 1/2 s. N.
La Roche-sur-Yon : depuis 1878.

1060. **SINCÈRE**, 1/2 s. N. — H. N.
B. 1831. — Normandie.
Par *Valient*, 1/2 s. A., et une 1/2 s. N., par Massoud, P. S. Ar.
Saint-Maixent : 1839-1842.

1061. **SINOPLE**, 1/2 s. N. — H. N.
Bb. 1874. — Calvados.
Par *Lafontaine*, 1/2 s. N., et *Bijou*, par Licteur, 1/2 s. N.
Saintes : 1877-1881.

1062. **SIR-COLIN**, 1/2 s. A. — H. N.
B. 1862. — Angleterre.
Par *All-Fours*, 1/2 s. A., et une fille de Roland, 1/2 s. A.
Saintes : 1868-1878.

1063. **SNAP**, 1/2 s. A. — H. N.
B. 1851. — Angleterre.
Par *Haughton-Merry-Leggs*, 1/2 s. A., et une fille de Président, 1/2 s. A.
Saintes : 1865.

1064. **SOCRATE**, 1/2 s. N. — H. N.
B. 1852. — Normandie.
Par *Pledge*, 1/2 s. N., et une fille de Dupleix, 1/2 s. N.
La Roche-sur-Yon : 1863-1865.

1065. **SOLÉCISME**, 1/2 s. N. — H. N.
B. 1874. — Manche.
Par *Ignoré*, 1/2 s. N., et une fille de Lagopède, 1/2 s. N.
La Roche-sur-Yon : 1878-1880.

1066. **SOLEIL**, ex-**SOLEIL-ROYAL**, 1/2 s. N. H. N.
N. 1874. — Manche.
Par *Gouverneur* ou *Ignoré*, 1/2 s. N., une fille de Pater, 1/2 s. N.
La Roche-sur-Yon : 1878-1879.

1067. **SOLIMAN**, 1/2 s. L. — H. N.
B. 1822. — Limousin.
Par *Durzy*, P. S. Ar., et *Mirza*, 1/2 s. L., par Cophte, P. S. Ar.
La Roche-sur-Yon : 1839-1840.

1068. **SOLIMAN-BEN-KALIFA**, 1/2 s. Barbe. H. N.
Bl. 1849. — Algérie.
Saint-Maixent : 1854-1856.

1069. **SOLITAIRE**, 1/2 s. N. — H. N.
B. 1852. — Calvados.
Par *Courtisan*, 1/2 s. N., et une 1/2 s. N., par Glocester, 1/2 s. A.
Saint-Maixent : 1857-1858.

1070. **SOPHISTE**, ex-**SAUTEUR**, 1/2 s. N. H. N.
Al. 1874. — Manche.
Par *Ivanhoff*, P. S. A., et une fille de Feu-de-Joie, 1/2 s. N.
La Roche-sur-Yon : 1878-1883.

1071. **SOUCIS**, 1/2 s. N. — H. N.
B. 1874. — Manche.
Par *Nanteuil*, 1/2 s. N., et une 1/2 s. N., par Quid-Juris, P. S. A.
La Roche-sur-Yon : 1878-1886.

1072. **SOUDARD**, 1/2 s. N. — H. N.
N. 1874. — Manche.
Par *Hussein*, 1/2 s. N., et une fille de Divus, 1/2 s. N.
La Roche-sur-Yon : 1878-1885.

1073. **SOUTIEN**, ex-**SULTAN**, 1/2 s. N. — H. N.
B. 1874. — Manche.
Par *Ugolin*, 1/2 s. N., et une 1/2 s. N., par Qui-Perd-Gagne, P. S. A.
La Roche-sur-Yon : depuis 1878.

1074. **SPECULATOR**, 1/2 s. A. — H. N.
Gr. 1847. — Angleterre.
Par *Speculator*, 1/2 s. A., et *Confederate*, par Wildfire, 1/2 s. A.
La Roche-sur-Yon : 1852-1857.

1075. **SPHÈNE**, 1/2 s. N. — H. N.
B. 1874. — Calvados.
Par *Mazeppa*, 1/2 s. N., et une 1/2 s. N.
La Roche-sur-Yon : 1878-1886.

1076. **SPHINX**, 1/2 s. N. — H. N.
B. 1830. — Normandie.
Par *Y. Topper*, 1/2 s. A., et une 1/2 s. N., par Y. Jaggar, 1/2 s. N.
Saint-Maixent : 1835-1848.

1077. **STAG**, 1/2 s. N. (approuvé). — Cte de Briey.
N. 1875. — Normandie.
Par *Niger*, 1/2 s. N., et *Marquise*, 1/2 s. A.
Saintes : 1880-1887.

1078. **STENTOR**, 1/2 s. N. — H. N.
B. 1874. — Calvados.
Par *Français*, 1/2 s. N., et une fille de Destin, 1/2 s. N.
La Roche-sur-Yon : 1878-1888.

1079. **STRABON**, 1/2 s. N. — H. N.
Al. 1852. — Orne.
Par *Y. Superior*, 1/2 s. Irl., et une 1/2 s. N., par Sylvio, P. S. A.
Saintes : 1856-1858.

1080. **SUBLIME**, 1/2 s. N. — H. N.
B. 1852. — Orne.
Par *Y. Superior*, 1/2 s. Irl., et une 1/2 s. N., par Eylau, P. S. A. A.
Saintes : 1856-1857.

1081. **SULEYMAN**, 1/2 s. N. — H. N.
Al. 1874. — Calvados.
Par *Newton*, 1/2 s. N., et une fille de Divus, 1/2 s. N.
Saintes : depuis 1878.

1082. **SUPÉRIEUR**, 1/2 s. N. — H. N.
Al. 1874. — Calvados.
Par *Liberator*, 1/2 s. A., et une fille de Jactator, 1/2 s. N.
La Roche-sur-Yon : depuis 1878.

1083. **SUPPLIANT**, 1/2 s. N. — H. N.
Al. 1851. — Normandie.
Par *Chactas*, P. S. A., et une 1/2 s. N., par Oscar, 1/2 s. N.
La Roche-sur-Yon : 1871.

1084. **TACITE**, 1/2 s. N. — H. N.
B. 1853. — Orne.
Par *Fitz-Pantaloon*, P. S. A., et une fille de Voltaire, 1/2 s. N.
Saint-Maixent : 1857-1863.

1085. **TAMERLAN**, 1/2 s. N. (approuvé).
M. Thomassin. — (Vendu à l'Etat.)
N. 1866. — Manche.
Par *Arnold*, 1/2 s. N., et une fille d'Ursin, 1/2 s. N.
La Roche-sur-Yon : 1870.

1086. **TANGARA**, 1/2 s. N. — H. N.
B. 1875. — Manche.
Par *Pater*, 1/2 s. N., et une fille de Talleyrand, 1/2 s. N.
La Roche-sur-Yon : 1879-1880.

1087. **TARTARE**, 1/2 s. N. — H. N.
B. 1875. — Calvados.
Par *Muphty*, 1/2 s. N., et une fille de Speculum, 1/2 s. N.
La Roche-sur-Yon : 1879-1888.

1088. **TELEGRAPH-BAI**, 1/2 s. A. — H. N.
B. 1846. — Angleterre.
Par *Telegraph*, 1/2 s. A., et une 1/2 s. A., par Shales, 1/2 s. A.
La Roche-sur-Yon : 1852-1853.

1089. **TÉLÉMAQUE**, 1/2 s. N. — H. N.
B. 1831. — Normandie.
Par *Prosélyte*, 1/2 s. A., et une fille de Mage, 1/2 s. N.
Saint-Maixent : 1837-1845. — La Roche-sur-Yon : 1846-1851.

1090. **TÉLESCOPE**, 1/2 s. N. — H. N.
B. 1853. — Calvados.
Par *Telegraph*, 1/2 s. A., ou *Lacour*, 1/2 s. N., et une fille de Ganymède, 1/2 s. N.
La Roche-sur-Yon : 1857-1863.

1091. **TERME**, 1/2 s. N. — H. N.
Al. 1875. — Manche.
Par *Gouverneur*, 1/2 s. N., ou *Ignoré*, 1/2 s. N., et une fille d'Egésippe, 1/2 s. N.
La Roche-sur-Yon : depuis 1879.

1092. **THE DRUM-MAJOR**, 1/2 s. A. — H. N.
B. 1833. — Angleterre.
Par *Cleveland*, 1/2 s. A., et *Orvillina*, 1/2 s. A., par Sir-George, 1/2 s. A.
Saint-Maixent : 1842-1845.

1093. **THE HAIRY**, 1/2 s. A. — H. N.
Gr. 1844. — Angleterre.
La Roche-sur-Yon : 1851.

1094. **THÉTIS**, 1/2 s. N. — H. N.
Al. 1875. — Manche.
Par *Idoménée*, 1/2 s. N., et *Lisette*, 1/2 s. N., par Perfection, 1/2 s. N.
Saintes : 1880-1891.

1095. **THURIFÉRAIRE**, ex-**TAMARIN**, 1/2 s. N. H. N.
Al. 1875. — Manche.
Par *Villiers*, 1/2 s. N., et une 1/2 s. N.
La Roche-sur-Yon : 1879-1886.

1096. **TORCOL**, 1/2 s. — H. N.
Al. 1875. — Sarthe.
Par *Gall*, 1/2 s. N., et *Brillante*, 1/2 s. N., par Destin, 1/2 s. N.
Saintes : 1879-1882.

1097. **TORRICELLI**, 1/2 s. N. — H. N.
B. 1853. — Calvados.
Par *Noé*, 1/2 s. N., et une 1/2 s. N., par Burleigh, 1/2 s. A.
Saint-Maixent : 1857-1863.

1098. **TOURANGEAU**, 1/2 s.
H. N. — (approuvé). M. Blanchard.
B. 1853. — Indre-et-Loire.
Par *Madrigal*, 1/2 s. N., et une fille de Cornichon, 1/2 s. N.
Saint-Maixent : 1860-1863. — M. Blanchard : 1864-1865.
Saintes : 1866-1874.

1099. **TRAGÉDIEN**, 1/2 s. N. — H. N.
B. 1875. — Calvados.
Par *Ravenshoé*, P. S. A., et *Marteine*, 1/2 s. A., par Corsair, 1/2 s. A.
Saintes : 1879-1888.

1100. **TRIOMPHE**, 1/2 s. N. — H. N.
B. 1875. — Orne.
Par *Héliotrope*, 1/2 s. N., et une 1/2 s. N., par Utrecht, 1/2 s. N.
La Roche-sur-Yon : 1879-1884.

1101. **TRIOPS**, 1/2 s. N. — H. N.
Al. 1831. — Normandie.
Par *Eastham*, P. S. A., et *Eva*, 1/2 s. N., par Y. Rattler, 1/2 s. A.
La Roche-sur-Yon : 1839-1840.

1102. **TROUBADOUR**, 1/2 s. N. — H. N.
B. 1853. — Calvados.
Par *Ramsay*, P. S. A., ou *Calderstone*, P. S. A., et une fille de Voltaire, 1/2 s. N.
La Roche-sur-Yon : 1857-1863.

1103. **TYRCIS**, 1/2 s. N. — H. N.
B. 1853. — Calvados.
Par *Montaigne*, 1/2 s. N., et une fille d'Impérieux, 1/2 s. N.
La Roche-sur-Yon : 1857-1864.

1104. **UBALD**, 1/2 s. N. — H. N.
B. 1854. — Calvados.
Par *Eperon*, P. S. A., et une 1/2 s. N., par Prosélyte, 1/2 s. A.
La Roche-sur-Yon : 1858-1861.

1105. **UBÉRACH**, 1/2 s. N. — H. N.
B. 1876. — Manche.
Par *Pâter*, 1/2 s. N., et une fille d'Ugolin, 1/2 s. N.
La Roche-sur-Yon : 1886.

1106. **UBIQUISTE**, 1/2 s. N. — H. N.
N. 1876. — Manche.
Par *Boyard*, 1/2 s. R., et une 1/2 s. N., par Baron-Knight, 1/2 s. A.
La Roche-sur-Yon : depuis 1880.

1107. **UDOR**, 1/2 s. N. — H. N.
Al. 1876. — Manche.
Par *Volant*, 1/2 s. N., et une fille de Forey, 1/2 s. N.
La Roche-sur-Yon : depuis 1880.

1108. **UHRING**, ex-**USSY**, 1/2 s. N. — H. N.
B. 1876. — Manche.
Par *Idoménée*, 1/2 s. N., et une fille de Va-de-Bon-Cœur, 1/2 s. N.
La Roche-sur-Yon : 1880-1887.

1109. **UKASE**, 1/2 s. N. — H. N.
Al. 1854. — Orne.
Par *Brocardo*, P. S. A., et *Julia*, 1/2 s. A., par Oxford, 1/2 s. A.
La Roche-sur-Yon : 1860-1873.

1110. **UKASE**, 1/2 s. Big. — H. N.
Gr. 1867. — Hautes-Pyrénées.
Par *Nahr-el-Kebir*, P. S. Ar., et une fille de Karchane, 1/2 s. Big., par Karchane, P. S. Ar.
Saintes : 1880.

1111. **UKORÉ**, 1/2 s. N. — H. N.
N. 1876. — Calvados.
Par *Sir Edwin-Landsyer*, 1/2 s. A., et une fille de Navigateur, 1/2 s. N.
La Roche-sur-Yon : depuis 1880.

1112. **ULANOF**, 1/2 s. N. — H. N.
B. 1854. — Manche.
Par *Borizow*, 1/2 s. N., et une 1/2 s. N., par Eastham, P. S. A.
Sa grand'mère : par Y. Rattler.
La Roche-sur-Yon : 1858-1873.

1113. **ULLOA**, 1/2 s. N. — H. N.
N. 1853. — Manche.
Par *Jay*, 1/2 s. N., et une 1/2 s. N., Tarrare, P. S. A.
Saint-Maixent : 1860-1861.

1114. **ULTIMATUM**, 1/2 s. N. — H. N.
B. 1832. — Normandie.
Par *Pégase*, 1/2 s. N., et une fille d'Engageant, 1/2 s. N.
Saint-Maixent : 1836-1846. — La Roche-sur-Yon : 1847-1854

1115. **ULTOR**, 1/2 s. N. — H. N.
B. 1876. — Orne.
Par *Vermouth*, P. S. A., et une fille de Séducteur, 1/2 s. N.
La Roche-sur-Yon : 1880-1888.

1116. **ULTRA**, 1/2 s. N. — H. N.
B. 1854. — Orne.
Par *Fitz-Pantaloon*, P. S. A., et une 1/2 s. N., par Royal-Oak, P. S. A.
La Roche-sur-Yon : 1858-1870.

1117. **ULTRAMONDIN**, 1/2 s. N. — H. N.
Aub. 1876. — Manche.
Par *Jackson*, 1/2 s. A., et *Mouvette*, 1/2 s. N., par The Heir-of-Linne, P. S. A.
Saintes : 1879-1885.

1118. **UMBER**, ex-**URION**, 1/2 s. N. — H. N.
N. 1876. — Manche.
Par *Ugolin*, 1/2 s. N., et une 1/2 s. N., par Bravo, P. S. A.
La Roche-sur-Yon : 1880-1887.

1119. **UNAU**, 1/2 s. N. — H. N.
B. 1876. — Calvados.
Par *Unau*, 1/2 s. N., et *Bel-Espoir*, 1/2 s. N.,
par Vice-Roi, 1/2 s. N.
Saintes : depuis 1880.

1120. **UNBORN**, ex-**ULTRAMONTAIN**, 1/2 s. N.
H. N.
B. 1876. — Calvados.
Par *Orphelin*, 1/2 s. N., et une 1/2 s. N., par Newmarket, 1/2 s. N.
La Roche-sur-Yon : 1880-1881.

1121. **UNI**, 1/2 s. N. — H. N.
Al. 1854. — Orne.
Par *Tipple-Cider*, P. S. A., et une fille d'Emule, 1/2 s. N.
Saintes : 1858-1863.

1122. **UNIADY**, 1/2 s. N. — H. N.
B. 1854. — Orne.
Par *Brocardo*, P. S. A., et une 1/2 s. N., par Y. Emilius, P. S. A.
Saintes : 1858-1872.

1123. **UNIQUE**, 1/2 s. — H. N.
B. 1832. — Normandie.
Par *Eastham*, P. S. A., et une 1/2 s. N., par Héraclius, 1/2 s. A.
Saint-Maixent : 1836-1847.

1124. **UNIQUE II**, 1/2 s. — H. N.
B. 1854. — Sarthe.
Par *Egrillard*, 1/2 s. N., et une 1/2 s. N., par Polecat, P. S. A.
La Roche-sur-Yon : 1858-1862. — Saint-Maixent : 1859-1861-1863.

1125. **UNKEL**, 1/2 s. N. — H. N.
Al. 1876. — Orne.
Par *Elu*, 1/2 s. N., et une fille d'Utrecht, 1/2 s. N.
La Roche-sur-Yon : depuis 1880.

1126. **UNKIAR**, ex-**UNANIME**, 1/2 s. N. — H. N.
Al. 1876. — Calvados.
Par *Oui*, 1/2 s. N., et une 1/2 s. N., par Liberator, 1/2 s. A.
La Roche-sur-Yon : 1880-1890.

1127. **UPAS**, ex-**UPLAND**, 1/2 s. N. — H. N.
B. 1876. — Manche.
Par *Mathurin*, 1/2 s. N., et une 1/2 s. N., par Lahore, 1/2 s. A.
La Roche-sur-Yon : 1880-1883.

1128. **UPLOCK**, ex-**URBAIN**, 1/2 s. N. — H. N.
B. 1876. — Manche.
Par *Kabin*, 1/2 s. N., et *La Brune*, 1/2 s. N., par Robinson, 1/2 s. N. (approuvé).
Saintes : depuis 1880.

1129. **UPON**, ex-**UNIFORME**, 1/2 s. N. — H. N.
B. 1876. — Calvados.
Par *Phare*, 1/2 s. N., et une fille d'Unau, 1/2 s. N.
La Roche-sur-Yon : 1880-1889.

1130. **UPSAL**, 1/2 s. N. — H. N.
B. 1854. — Calvados.
Par *Ramsay*, P. S. A., et une 1/2 s. N., par The Juggler, P. S. A.
Saintes : 1858-1859.

1131. **URANIUM**, 1/2 s. N. — H. N.
Al. 1876. — Orne.
Par *Oriental*, 1/2 s. N., et une fille de Thorigny, 1/2 s. N.
La Roche-sur-Yon : depuis 1880.

1132. **URANUS**, 1/2 s. N. — H. N.
Gr. 1854. — Orne.
Par *Noteur*, 1/2 s. N., et une fille de Faliero, 1/2 s. N.
La Roche-sur-Yon : 1859-1863. — Le Pin : 1864-1870.
La Roche-sur-Yon : 1871 (Montiérender : 1871).

1133. **URARO**, ex-**UTILE**, 1/2 s. N. — H. N.
B. 1876. — Manche.
Par *Nagel*, 1/2 s. N., et *Cocote*, par Harmonieux IV, 1/2 s. N.
Saintes : 1880.

1134. **URBAIN**, 1/2 s. N. — H. N.
B. 1854. — Orne.
Par *Fitz-Pantaloon*, P. S. A., et une fille d'Impérieux, 1/2 s. N.
Saintes : 1858-1861.

1135. **URBI**, 1/2 s. N. — H. N.
B. 1876. — Manche.
Par *Partisan*, 1/2 s. N., et une 1/2 s. N., par Lahore, 1/2 s. A.
Saintes : 1880-1891.

1136. **URBIN**, 1/2 s. N. — H. N.
B. 1832. — Normandie.
Par *Eastham*, P. S. A., et une 1/2 s. N., par Vidvid, 1/2 s. A., par Vagabond, P. S. A.
Saint-Maixent : 1836-1848.

1137. **URBINUS**, 1/2 s. N. — H. N.
B. 1854. — Orne.
Par Sotter, 1/2 s. A., et une fille d'Impérieux, 1/2 s. N.
Saintes : 1858-1860.

1138. **URGENT**, 1/2 s. N. — H. N.
B. 1832. — Normandie.
Par Y. Rattler, 1/2 s. A., et une 1/2 s. N., par Jaggar, 1/2 s. A.
Saint-Maixent : 1843-1845.

1139. **URGOS**, 1/2 s. N. — H. N.
B. 1876. — Orne.
Par Koping, 1/2 s. N., et une fille de Valdemar, 1/2 s. N.
La Roche-sur-Yon : depuis 1880.

1140. **URIQUE**, 1/2 s. N. — H. N.
Al. 1876. — Calvados.
Par *Liberator*, 1/2 s. A., et *Jemmapes*, 1/2 s. N., par Ventre-Saint-Gris, P. S. A.
Saintes : 1880-1882.

1141. **URSIN**, 1/2 s. N. — H. N.
B. 1876. — Manche.
Par *El-Ghor*, P. S. Ar., et *Coquette*, par Germanicus, 1/2 s. N.
Saintes : 1880-1885.

1142. **URVILLE**, 1/2 s. N. — H. N.
Al. 1854. — Calvados.
Par Ramsay, P. S. A., et une fille de Ganymède, 1/2 s. N.
Saintes : 1858-1870.

1143. **USKANTY**, ex-**UTILE**, 1/2 s. N. — H. N.
B. 1876. — Manche.
Par *Kabin*, 1/2 s. N., et *Espérance*, 1/2 s. N., par Vandermulin, P. S. A.
Saintes : depuis 1880.

1144. **USKY**, ex-**ULM**, 1/2 s. N. — H. N.
Ro. 1876. — Manche.
Par *Java*, 1/2 s. N., et une 1/2 s. N., par Isolier, P. S. A.
La Roche-sur-Yon : depuis 1880.

1145. **USTOR**, ex-**UKRAINE**, 1/2 s. N. — H. N.
B. 1876. — Manche.
Par *Newton*, 1/2 s. N., et *Miss-Linne*, par The Heir-of-Linne, P. S. A.
Saintes : depuis 1880.

1146. **UZAN**, 1/2 s. N. — H. N.
B. 1876. — Calvados.
Par *Mustapha*, 1/2 s. N., et *Lisette*, 1/2 s. N., par Vingt-Mars, P. S. A.
Saintes : 1880.

1147. **UZEL II**, 1/2 s. N. — H. N.
B. 1876. — Manche.
Par *Uzel*, 1/2 s. N., et *Rapide*, par Gouverneur, 1/2 s. N.
Saintes : depuis 1879.

1148. **VACCIN**, ex-**VANTA**, 1/2 s. N. — H. N.
B. 1877. — Eure.
Par *Gall*, 1/2 s. N., et *Vesta*, 1/2 s. N., par Franc-Waret, 1/2 s. A.
Saintes : 1881

1149. **VAGABOND**, 1/2 s. N. — H. N.
N. 1855. — Orne.
Par *Kadmor*, 1/2 s. N., et une 1/2 s. N.
La Roche-sur-Yon : 1859.

1150. **VALENTIN**, 1/2 s. N. — H. N.
B. 1854. — Calvados.
Par *Boléro*, P. S. A., et une fille de Pledge, 1/2 s. N.
Saint-Maixent : 1860.

1151. **VALIDE**, 1/2 s. N. — H. N.
B. 1854. — Calvados.
Par *Telegraph*, 1/2 s. A., et une fille d'Impérieux, 1/2 s. N.
La Roche-sur-Yon : 1859-1862.

1152. **VALLAHI**, ex-**URFÉ**, 1/2 s. N. — H. N.
Al. 1877. — Seine-Inférieure.
Par *Ornement*, 1/2 s. N., et une 1/2 s. N., par Father-Thames, P. S. A.
Sa grand'mère : une 1/2 s. N., par Guignolet, P. S. A.
La Roche-sur-Yon : 1883-1890.

1153. **VARLET**, 1/2 s. N. — H. N.
B. 1876. — Calvados.
Par *Médicis*, P. S. A., et une 1/2 s. N.
La Roche-sur-Yon : 1881-1884.

1154. **VATEL**, 1/2 s. N. — H. N.
N. 1877. — Manche.
Par *Ivanoff*, P. S. A., et *Charmante*, 1/2 s. N., par Tamerlan, 1/2 s. N.
Saintes : 1881-1889.

1155. **VATOUT**, 1/2 s. N. — H. N.
B. 1833. — Normandie.
Par *Captain-Candid*, P. S. A., et une 1/2 s. N., par Y. Rattler, 1/2 s. A.
Saint-Maixent : 1837-1848.

1156. **VÉGÉTAL**, 1/2 s. N. — H. N.
Al. 1877. — Manche.
Par *Nadar*, 1/2 s. N., et *Lisette*, 1/2 s. N., par Lothaire, 1/2 s. N.
Saintes : depuis 1881.

1157. **VÉHÉMENT**, 1/2 s. N. — H. N.
B. 1877. — Manche.
Par *Royal*, P. S. A., et une fille de Victorieux, 1/2 s. N.
La Roche-sur-Yon : depuis 1881.

1158. **VERGLAS**, 1/2 s. N. — H. N.
B. 1855. — Calvados.
Par *Troarn*, 1/2 s. N., et une 1/2 s. N., par Polécat, P. S. A.
Saintes : 1859.

1159. **VÉRITABLE**, 1/2 s. N. — H. N.
B. 1877. — Manche.
Par *Quality*, 1/2 s. N., et une fille d'Ignoré, 1/2 s. N.
La Roche-sur-Yon : 1881-1889.

1160. **VERT-DE-GRIS**, 1/2 s. N. — H. N.
B. 1877. — Eure.
Par *Brindisi*, P. S. A., et une 1/2 s. A.
La Roche-sur-Yon : 1881-1882.

1161. **VESALE**, 1/2 s. N. — H. N.
B. 1855. — Orne.
Par *Ottoman*, 1/2 s. N., et une fille de Kœnigsberg, 1/2 s. N.
Saint-Maixent : 1859. — (Besançon : 1860).

1162. **VICE-AMIRAL**, 1/2 s. N. — H. N.
Al. 1877. — Manche.
Par *Lozenge*, P. S. A., et une fille de Luther, 1/2 s. N.
Sa grand'mère : 1/2 s. N., par The Heir-of-Linne, P. S. A.
La Roche-sur-Yon : 1881-1889.

1163. **VILLARS**, 1/2 s. N. — H. N.
B. 1855. — Calvados.
Par *Parfait*, 1/2 s. N., et une fille de Voltaire, 1/2 s. N.
Saintes : 1859-1861.

1164. **VILLEHARDOUIN**, ex-**VOLAGE**, 1/2 s. N. — H. N.
B. 1855. — Manche.
Par *Jay*, 1/2 s. N., et une 1/2 s. N., par Sir-Henry-Dimsdale, 1/2 s. A.
Saintes : 1859-1863.

1165. **VINAIGRE**, ex-**VOLONTAIRE**, 1/2 s. N. — H. N.
B. 1877. — Orne.
Par *Hidalgo*, 1/2 s. N., et une fille de Gaulois, 1/2 s. N.
Saintes : 1881-1891.

1166. **VINDER**, 1/2 s. N. — H. N.
Al. 1855. — Calvados.
Par *Quotidien*, 1/2 s. N., et une 1/2 s. N., par Tipple-Cider, P. S. A.
Saintes : 1859-1861.

1167. **VITERBE**, ex-**VAILLANT**,
1/2 s. N. — H. N.
B. 1877. — Manche.
Par *Newton*, 1/2, s. N., et une fille de Kapirat, 1/2 s. N.
Saintes : 1881-1887.

1168. **VITUMNUS**, 1/2 s. N. — H. N.
B. 1855. — Calvados.
Par *Troarn*, 1/2 s. N., et une fille de Jéricko, 1/2 s. N.
Saintes : 1859-1870.

1169. **VIVANT**, 1/2 N. — H. N.
B. 1855. — Orne.
Par *Brocardo*, P. S. A., et une fille de Lucain, 1/2 s. N.
Saintes : 1859-1868.

1170. **VOLAGE**, 1/2 s. N. — H. N.
B. 1855. — Manche.
Par *Eylau*, P. S. A. A., et une 1/2 s. N., par Tarraro, P. S. A.
La Roche-sur-Yon : 1859-1866.

1171. **VOLCAN**, 1/2 s. N. — H. N.
Al. 1877. — Calvados.
Par *Pactole*, 1/2 s. N., et *Grenade*, 1/2 s. N.,
par Conquérant, 1/2 s. N.
Saintes : depuis 1881.

1172. **VULGAIRE**, 1/2 s. N. — H. N.
B. 1855. — Calvados.
Par *Préféré*, 1/2 s. N., et une 1/2 s. N., par Y. Cydnus, 1/2 s. A.
Saint-Maixent : 1859-1863.
La Roche-sur-Yon : 1864-1867.

1173. **WASA**, ex-**ROBERO II**, 1/2 s. L. — H. N.
Al. 1878. — Haute-Vienne.
Par *Pausanias*, 1/2 s. N., et une 1/2 s. L., par Saint-Simon, P. S. A.
Saintes : 1882-1889 (Aurillac : 1880).

1174. **WAXWORK**, 1/2 s. A. — H. N.
B. 1863. — Angleterre.
Par *The British-Campion*, 1/2 s. A., et une fille de Wildfire,
1/2 s. A.
Saintes : 1870.

1175. **WEIGHTON-MERRY-LEGS**,
1/2 s. A. — H. N.
N. 1872. — Angleterre.
La Roche-sur-Yon : 1879-1881 (Lamballe : novembre 1881).

1176. **XANTIPPE**, 1/2 s. N. — H. N.
B. 1834. — Normandie.
Par *Prosélyte*, 1/2 s. A., et une 1/2 s. N., par Y. Rattler, 1/2 s. A.
Saint-Maixent : 1838-1840.

1177. **XARIPHUS**, 1/2 s. N. — H. N.
B. 1834. — Normandie.
Par *Prosélyte*, 1/2 s. A., et une 1/2 s. N., par Héraclius, 1/2 s. A.
Saint-Maixent : 1842-1845.

1178. **XÉNOPHON**, 1/2 s. N. — H. N.
Gr. 1834. — Normandie.
Par *Eastham*, P. S. A., et une 1/2 s. N., par Y. Rattler, 1/2 s. A.
Saint-Maixent : 1838-1846. — La Roche-sur-Yon : 1847-1849.
Saintes : 1849-1856.

1179. **XÉROPHASIUS**, 1/2 s. N. — H. N.
B. 1834. — Normandie.
Par *North-Star*, 1/2 s. A., et une 1/2 s. N., par Lucholl, 1/2 s. A.
Saint-Maixent : 1842-1843.

1180. **XILOSTEUM**, 1/2 s. N. — H. N.
B. 1834. — Normandie.
Par *Prosélyte*, 1/2 s. A., et une fille de Darius, 1/2 s. N.
Saint-Maixent : 1839-1840.

1181. **XIMENÈS** 1/2 s. N. — H. N.
B. 1834. — Normandie.
Par *Talma*, 1/2 s. A., et une 1/2 s. N., par Lucholl, 1/2 s. A.
Saint-Maixent : 1838-1845. — La Roche-sur-Yon : 1846-1847.

1182. **XYLON**, 1/2 s. N. — H. N.
B. 1834. — Normandie.
Par *Pretender*, 1/2 s. A., et une 1/2 s. N., par Y. Snaïl, P. S. A.
Saint-Maixent : 1838-1846. — La Roche-sur-Yon : 1847-1852.

1183. **Y. ANTAR**, 1/2 s. — H. N.
Gr. 1831. — France.
Par *Antar*, P. S. Ar., et *Escape*, par Snap, 1/2 s. A.
La Roche-sur-Yon : 1839-1847.

1184. **Y. ATLAS**, 1/2 s. N. — H. N.
N. 1852. — Angleterre.
Par *Gobbo*, 1/2 s. A., et une 1/2 s. A.
La Roche-sur-Yon : 1857-1876.

1185. **Y. BON-TON**, 1/2 s. L. — H. N.
Al. 1844. — Limousin.
Par *Bon-Ton*, P. S. A., et *Aubergine*, 1/2 s. L.,
par Asdrubal, 1/2 s. L.
La Roche-sur-Yon : 1848-1849.

1186. **Y. BRILLANT**, 1/2 s. A. — H. N.
B. 1852. — Angleterre.
Par *Brillant*, 1/2 s. A., et *Brown-Bess*, 1/2 s. A., par Champagne, 1/2 s. A.
La Roche-sur-Yon : 1858-1864.

1187. **Y. FANDANGUERO**, 1/2 s. A. — H. N.
B. 1869. — Angleterre.
Par *Fandanguero*, 1/2 s. A., et une 1/2 s. A.
Saintes : 1874-1879.

1188. **Y. GABERLUNZIE**, 1/2 s. A. — H. N.
B. 1830. — Angleterre.
Par *Gaberlunzie*, P. S. A., et une 1/2 s. A., par Cleveland-bai, 1/2 s. A.
La Roche-sur-Yon : 1848-1850. — Saintes : 1850.

1189. **Y. GOBBO**, 1/2 s. A. — H. N.
B. 1849. — Angleterre.
Par *Gobbo*, 1/2 s. A.
Saintes : 1860-1867.

1190. **Y. PERFECT**, 1/2 s. A. — H. N.
B. 1855. — Angleterre.
La Roche-sur-Yon : 1866-1870.

1191. **Y. PHENOMENON**, 1/2 s. A. — H. N.
B. 1860. — Angleterre.
Par *Old-Phenomenon*, 1/2 s. A., et une 1/2 s. A., par Sir-Herculès, P. S. A.
La Roche-sur-Yon : 1867-1870.

1192. **Y. PHENOMENON**, 1/2 s. A. — H. N.
Aub. 1870. — Angleterre.
Par *Shalton-Shales*, 1/2 s. A., et une fille de Cambridgeshire-Shales, 1/2 s. A.
La Roche-sur-Yon : 1876.

1193. **Y. PHOSPHORUS**, 1/2 s. A. — H. N.
Ro. 1866. — Angleterre.
Par *Champion*, 1/2 s. A., et une fille de Phosphorus, 1/2 s. A.
La Roche-sur-Yon : 1874-1879.

1194. **Y. RATTLER**, 1/2 s. — H. N.
Bb. 1870. — Aisne.
Par *Cagliostro*, P. S. A., et une jument anglaise.
Saintes : 1874-1884.

1195. **Y. ROB-ROY**, 1/2 s. A. — H. N.
Gr. 1829. — Angleterre.
Par *Rob-Roy*, 1/2 s. A., et une 1/2 s. A., par Sir Harry-Dimsdale, P. S. A.
Saint-Maixent : 1836-1846.

1196. **Y. TIGRIS**, 1/2 s. N. — H. N.
Al. 1830. — Le Pin.
Par *Tigris*, P. S. A., et *Cloris*, 1/2 s. N.
Saint-Maixent : 1834-1846.

1197. **Y. TRANCE**, 1/2 s. — H. N.
B. 1833. — France.
Par *Trance*, P. S. A., et *Escape*, jument A.
Saint-Maixent : 1843.

1198. **Y. TROTTE-AWAY**, 1/2 s. A. — H.N.
B. 1869.— Angleterre.
Par un 1/2 s. Norf., et une 1/2 s. Norf.
Saintes : 1872-1879.

1199. **Y. HUE-AND-CRY-SHALES**, 1/2 s. A. — H. N.
Al. 1863. — Angleterre.
Par *Y. Shales*, 1/2 s., et *Hue-and-Cry-Shales*, 1/2 s. A.
Saintes : 1867-1874.

1200. **ZAIM**, 1/2 s. N. — H. N.
B. 1835. — Normandie.
Par *Prosélyte*, 1/2 s. A., et une fille de Fermier, 1/2 s. N.
Saint-Maixent : 1839-1846. — La Roche-sur-Yon : 1847.

1201. **ZAIN**, 1/2 s. N. — H. N.
B. 1835. — Normandie.
Par *Eastham*, P. S. A., et *Quêteuse* 1/2 s. A.
Saint-Maixent : 1843-1845.

SECTION VENDÉENNE & CHARENTAISE

APPENDICE

ÉTALONS DE PUR SANG

Ayant fait la monte dans les Circonscriptions de la Roche-sur-Yon et de Saintes.

ETALONS DE PUR SANG

Ayant fait la monte dans les Circonscriptions de la Roche-sur-Yon et de Saintes.

1202. **A**, P. S. A. S. B. F., t. I, p. 1.
H. N.
B. 1833. — Angleterre.
Par *Voltaire* et *Schedule*, par Octavian.
La Roche-sur-Yon : 1839-1842.

1203. **ACCROCHE-CŒUR**, P. S. A. S. B. F., t. II, p. 600.
H. N.
B. 1854. — France.
Par *Malton* et *Jocaste*, par Deucalion.
Saintes : 1858-1860.

1204. **AJAX II**, P. S. A. S. B. F., t. II, p. 176.
H. N.
B. 1865. — France.
Par *Fitz-Gladiator* et *Agar*, par Sting.
La Roche-sur-Yon : 1869-1870-1872-1880.

1205. **ALCIDE**, P. S. A. S. B. F., t. II, p. 900.
H. N.
N. 1852. — France.
Par *Nunnykirk* et *Tanaïs*, par Terror.
La Roche-sur-Yon : 1856-1858. — Saint-Maixent : 1858.

1206. **ALERTE**, P. S. A. S. B. F., t. II, p. 259.
H. N.
B. 1858. — France.
Par *Brocardo* et *Belle-Poule*, par Napoléon.
Saintes : 1857-1868.

1207. **ALI**, P. S. Ar. S. B. F., t. II, p. 1091
H. N.
Gr. 1850. — France.
Par *Gheïsani* et *Coré*, par Antar.
Saint-Maixent : 1857-1861.

1208. **ALI**, P. S. A. A. S. B. F., t. II, p. 202.
M. de Jallais.
Al. 1857. — France.
Par *Collingwood* et *Amine*, ex-*Anine*, P. S. A. A., par Brocardo.
Saintes : 1862-1865.

1209. **AMADIS**, P. S. A. S. B. F., t. I, p. 147.
H. N.
B. 1830. — France.
Par *Eastham* et *Canvas*, par Rubens.
Saint-Maixent : 1838-1846. — La Roche-sur-Yon : 1847-1849.
Saintes : 1850-1857.

1210. **AQUILIN**, P. S. A. S. B. F., t. VI, p. 69.
M. Malapert.
Bb. 1878. — France.
Par *Uhlan* et *Attraction*, par Argonaut.
Saintes : 1885-1891.

1211. **ARC-EN-CIEL**, P. S. A. A. S. B. F., t. II, p. 585.
H. N.
B. 1852. — France.
Par *Brocardo* et *Iris*, A. A., par Napoléon.
La Roche-sur-Yon : 1856-1864.

1212. **ARNAC**, P. S. A. A. S. B. F., t. II, p. 398.
B. 1853. — France.
Par *Brocardo* et *Didon*, A. A., par Terror.
Saint-Maixent : 1858.

1213. **ARTENAY**, S. B. F., t. II, p. 296.
ex-**EMBONPOINT**, P. S. A.
H. N.
Bb. 1850. — France.
Par *Polecat* et *Camélia*, par Camel.
Saintes : 1854-1857. — (Hennebont : 1858.)

1214. **ARWED**, P. S. A. S. B. F., t. I, p. 352.
H. N.
B. 1838. — France.
Par *Hercule* et *Queen-Mab*, par Pioneer.
Saint-Maixent :1844-1846. — La Roche-sur-Yon : 1847-1849.
(Pompadour : 1850.)

1215. **ASSAULT**, P. S. A. S. B. F., t. II, p. 10.
H. N.
B. 1845. — Angleterre.— Importé en 1851.
Par *Touchstone* et *Ghuznée*, par Pantaloon.
Saintes : 1853-1854. — Saint-Lô : 1855.

1216. **ASSUR**, P. S. A.— Approuvé. S. B. F., t. II, p. 1043.
M. J. Robin, 1859. — H. N., 1860.
B. 1852. — France.
Par *Gladiator* et *Victoria*, par Royal-Oak.
La Roche-sur-Yon : 1859-1861.

1217. **ATHOL**, S. B. F., t. I, p. 308.
H. N.
Al. 1830. — France.
Par *General-Mina* et *Vandyke-Junior mare*, par Vandyke-Junior.
Saint-Maixent : 1835-1855.

1218. **AURÉLIUS**, P. S. A. S. B. F., t. V, p. 56.
M. Hennessy. — M. Bié. — Vendu en 1877 à MM. R. Carter et H. Jennings.
B. 1876. — France.
Par *Henry* et *Aurore*, par Richmond.
Saintes : 1881.

1219. **AURENSAN**, P. S. A. A. S. B. F., t. VI, p. 656.
H. N.
B. 1878. — France.
Par *Ceylon* et *Vivacité*, par Fana, P. S. Ar.
Saintes 1882-1883.

1220. **AURIOL**, P. S. A. S. B. F., t. I., p. 140.
H. N.
B. 1837. — France.
Par *Royal-Oak* et *Burlesque*, par Blucher.
La Roche-sur-Yon : 1853-1854.

1221. **AVANT-GARDE**, P. S. A. S. B. F., t. II, p. 851.
H. N.
Al. 1868. — France.
Par *Zouave* et *Peniche*, par Collingwood.
Saintes : 1875-1887.

1222. **AVENTURIER**, P. S. A. S. B. F., t. IX, p. 255.
H. N.
B. 1886. — France.
Par *Flavio* et *Mademoiselle-Agnès*, par Dollar.
La Roche-sur-Yon : 1892.

1223. **BABIÉGA**, P. S. A. S. B. F., t. I, p. 206.
H. N.
B. 1847. — France.
Par *Attila* et *Essler*, par Cadland.
Saintes : 1853-1864.

1224. **BADPAY**, P. S. A. S. B. F., t. I, p. 312.
H. N.
B. 1849. — France.
Par *Caravan* et *Miss-Rainbow*, par Rainbow.
Saint-Maixent : 1859-1860. — (Aurillac : 1861.)

1225. **BALKAN**, P. S. Ar. S. B. F., t. II, p. 1180.
H. N.
Gr. 1854. — France.
Par *Bagdadli*, Ar., et *Nazareth*, par Hussein, Ar.
La Roche-sur-Yon : 1858-1867.

1226. **BARIOLET**, P. S. A. S. B. F., t. VI, p. 85.
H. N.
Al. 1878. — France.
Par *Trocadéro* et *Bariolette*, par Orphelin.
Saintes : depuis 1888.

1227. **BEAUREPAIRE**, P. S. A. S. B. F., t. IV, p. 60.
H. N.
B. 1874. — France.
Par *Mortemer* et *Beauty*, par Knowsley.
La Roche-sur-Yon : depuis 1887.

1228. **BÉCHIR**, P. S. Ar. S. B. F., t. I, p. 430.
H. N.
Gr. 1835. — Orient.
Par *Zachaïa*, Ar., et *Kedecha*, Ar.
Saint-Maixent : 1852. — Tarbes : 1853.

1229. **BECKLAND**, P. S. A. S. B. F., t. V. p. 70.
H. N.
Al. 1876. — France.
Par *Royal-Quand-Même* et *Bellah*, par Dollar.
La Roche-sur-Yon : depuis 1881.

1230. **BEDREDDIN**, P. S. Ar. S. B. F., t. I., p. 483.
H. N.
B. 1846. — France.
Par *Saoud* et *Garba*, par Bédouin, P. S. Ar.
Saintes : 1850-1858.

1231. **BELLE-FACE**, P. S. A. Ar. S. B. F., t. V., p. 201.
H. N.
Gr. 1875. — France.
Par *Kalif* et *Gaëte*, par Collingwood.
Saintes : 1881-1885.

1232. **BEN-ABIAN**, P. S. Ar. S. B. F., t. I, p. 473.
H. N.
Al. 1846. — France.
Par *Abian*, P. S. Ar., et *Bataza*, P. S. Ar.
La Roche-sur-Yon : 1851-1852.

1233. **BEYROUTH**, P. S. A. A. S. B. F., t. II, p. 17.
H. N.
B. 1850. — France.
Par *Commodor-Napier* et *Hœma*, par Hœmus.
La Roche-sur-Yon : 1855.

1234. **BISSEXTIL**, P. S. A. S. B. F., t. II. pp. 18, 992.
H. N.
Bb. 1856. — France.
Par *Malton* et *Sylvandire*, par Terror.
Saintes : 1863-1871.

1235. **BLACK-EYES**, P. S. A. S. B. F., t. II, pp. 19, 928.
H. N.
Al. 1856. — France.
Par *Malton* et *Rosabelle*, par Terror ou Premium.
La Roche-sur-Yon : 1862-1881.

1236. **BOLIVAR**, P. S. A. A. S. B. F., t. VIII, p. 147.
H. N.
B. 1885. — France.
Par *Beaurepaire* et *Boule-de-Neige*, par Émir, P. S. Ar.
Saintes : 1889.

1237. **BON-TON**, P. S. A. S. B. F., t. I. p. 12.
H. N.
Al. 1831. — Angleterre.
Par *Phantom* et *Miss-Skim*, par Skim.
Saint-Maixent : 1840-1846.

1238. **BORAK**, P. S. Ar. S. B. F.
H. N.
Bl. 1863. — Orient.
De race Saklawi.
La Roche-sur-Yon : 1873-1881.

1239. **BRETIGNOLLES**, P. S. A. S. B. F., t. II, pp. 21, 708.
H. N.
Al. 1851. — France.
Par *Caravan* et *Margaret*, par Gigès.
La Roche-sur-Yon : 1855-1859.

1240. **BRINC-DE-JONC**, P. S. A. A. S. B. F., t. II, pp. 22, 401.
M. Sicard.
B. 1852. — France.
Par *Brocardo* et *Dinarzade*, par Massoud, Ar.
Saintes : 1858-1869.

1241. **BROCARDO**, P. S. A. S. B. F., t. I, p. 14.
H. N.
B. 1843. — Angleterre. — (Importé 1848.)
Par *Touchstone* et *Brocade*, par Pantaloon.
La Roche-sur-Yon : 1866-1867.

1242. **BROOKLAND**, P. S. A. S. B. F., t. I, p. 14.
H. N.
B. 1833. — Angleterre. — Importé 1839.
Par *Filho-da-Puta* et *Nell-Gwynne*, par Tramp.
Saint-Maixent : 1840. — (Abbeville : 1841.)

1243. **BUCKTHORN**, P. S. A. S. B. F., t. II, p. 23.
H. N.
B. 1849. — Angleterre. — Importé 1855.
Par *Venison* et *Zélia*, par Emilius.
La Roche-sur-Yon : 1864-1869.

1244. **CALUMET**, P. S. Ar. S. B. F., t. II, p. 1100.
H. N.
Gr. 1854. — France.
Par *Bagdadli* et *Nedjibé*, P. S. Ar.
La Roche-sur-Yon : 1859-1864. — (Libourne : 1865.)

1245. **CANDIDAT**, P. S. A. S. B. F., t. II, p. 1079.
H. N.
B. 1864. — France.
Par *Sting* et *Zeta*, ex-*Maid-of-Bolton*, par Sir-John.
Saintes : 1874.

1246. **CASTOR**, P. S. A. S. B. F., t. I, p. 342
H. N.
B. 1849. — France.
Par *Caravan* et *Petronille*, par Emancipation.
La Roche-sur-Yon : 1865.

1247. **CHALUSSET**, P. S. A. S. B. F., t. II. p. 881.
H. N.
B. 1856. — France.
Par *Ionian* et *Prétendante*, par Fra-Diavolo.
Saintes : 1862-1863.

1248. **CHAMP-D'OISEAUX**, P. S. A. S. B. F., t. II, p. 547.
M. d'Illiers.
B. 1864. — France.
Par *Robinson* et *Grenade*, par Gladiateur ou Y. Emilius.
La Roche-sur-Yon : 1876-1880.

1249. **CLAUDIUS**, P. S. A. S. B. F., t. VI, p. 6.
H. N.
B. 1867. — Angleterre. — Importé 1878.
Par *Caractacus* et *Lady-Peel*, par Orlando.
Saintes : 1883-1884. — (Hennebont : 1885.)

1250. **CLUB-STICK**, P. S. A. S. B. F., t. I, pp. 20, 403.
H. N.
B. 1843. — France.
Par *Royal-Oak* et *Vesper*, par Merlin.
Saint-Maixent : 1849-1863.

1251. **COLLINGWOOD**, P. S. A. S. B. F., t. II, p. 33.
H. N.
B. 1843. — Angleterre.
Par *Sheet-Anchor* et *Kalmia*, par Magistrate.
La Roche-sur-Yon : 1864-1866.

1252. **COMMUNINANT**, S. B. F., t. V, p. 316.
ex-**VOLONTAIRE**, P. S. A.
H. N.
B. 1876. — France.
Par *Le Petit-Caporal* et *Marcella*, par Sting.
Saintes : 1886-1887. — La Roche-sur-Yon : depuis 1888.

1253. **LE COMTE-ORY**, P. S. A. S. B. F., t. II, p. 304.
H. N.
Al. 1853. — France.
Par *The Baron* et *Cossica*, par Touchstone.
Saintes : 1865-1867.

1254. **COPPER-CAPTAIN**, P. S. A. S. B. F., t. I, p. 22.
H. N.
Al. 1829. — Angleterre.
Par *Boabdil* et *Cervantès mare*, par Cervantès.
Saint-Maixent : 1836-1846. — La Roche-sur-Yon : 1847-1851.

1255. **CORADIN**, S.B.F., t. II, pp. 35, 352.
ex-**COLOMBAN**, P. S. A.
M. E. de Pully.
Al. 1854. — Erance.
Par *Garry-Owen* et *Coqueluche*, par Royal-Oak.
Saintes : 1866-1871.

1256. **CORIOLAN**, P. S. A. A. S. B. F., t. I, pp. 22, 161.
H. N.
B. 1836. — France.
Par *Captain-Candid* et *Cloris*, par Aslan, Turc.
Saint-Maixent : 1842-1852.

1257. **CROISSANT**, P. S. A. S. B. F., t. VII, p. 176
H. N.
Al. 1883. — France.
Par *Maubourguet* et *Circé*, A. A., par Othello, Ar.
Saintes : depuis 1887.

1258. **CUPIDON**, P. S. A. S. B. F., t. II, p. 403.
H. N.
B. 1849. — France.
Par *Nelson* et *Vesper*, par Merlin.
Saint-Maixent : 1855-1856. — (Strasbourg : 1857.)

1259. **DANBY**, P. S. A. S. B. F., t. VII, p. 9.
H. N.
B. 1876. — Angleterre.
Par *King-Tom* et *Bay-Rosalind*, par Orlando.
La Roche-sur-Yon : 1883-1885.

1260. **DANDOLO**, P. S. A. S. B. F., t. I, p. 334.
H. N.
B. 1834. — France.
Par *Holbein* et *Paméla*, par Tigris.
Saint-Maixent : 1838 (Rosières en 1839).

1261. **DASH**, P. S. A. S. B. F., t. II, p. 189.
H. N.
B. 1848. — France.
Par *Polecat* et *Aline*, par Ali-Baba.
La Roche-sur-Yon : 1853-1860.

1262. **DEAR-TOM**, P. S. A. S. B. F., t. V, p. 6.
H. N.
B. 1865. — Angleterre.
Par *Fandango* et *Brown-Jug*, par Sleight-of-Hand.
Saintes : 1875-1884.

1263. **DEUCALION**, P. S. A. S. B. F., t. I, p. 355.
M. le duc des Cars.
B. 1828. — France.
Par *Trance* et *Reading-Lass*, par Orville.
La Roche-sur-Yon : 1841-1845.

1264. **DIRK-HATTERAICK**, S. B. F., t. II, p. 43.
P. S. A. — H. N.
B. 1852. — Angleterre.
Par *Van-Tromp* et *Blue-Bonnet*, par Touchstone.
Saintes : 1864-1867.

1265. **DOMIDIO**, P. S. A. S.B.F., t. VIII, p. 254.
H. N.
B. 1884. — France.
Par *Milan II* et *Domiduca*, par The Mines.
Saintes : depuis 1889.

1266. **DON FULANO**, P. S. A. S. B. F., t. VIII, p. 9.
H. N.
Al. 1878. — Amérique. — Importé en 1885.
Par *King-Alfonso*, et *Canary-Bird*, par Albion.
Saintes : depuis 1889.

1267. **DUC-DE RICHELIEU**, S.B.F., t. II, pp. 44, 720.
ex-**NOEL**, P. S. A. — H. N.
B. 1851. — France.
Par *Caravan* et *Midsummer*, par Filho-da-Puta.
Saint-Maixent : 1855.

1268. **DUMNACUS**, P. S. A. S. B. F., t. I, p. 174.
B. 1845. — France.
Par *Napoléon* et *Danaë*, par Terror.
Saintes : 1853-1854.

1269. **ÉCUREUIL**, P. S. A. S.B.F., t. III, p. 209.
H. N.
B. 1869. — France.
Par *Aguila* et *Ioness*, par Ion.
La Roche-sur-Yon : 1881-1887.

1270. **EDGARD**, P. S. A. S.B.F., t.I, pp.27, 401.
H. N.
B. 1840. — France.
Par *Tetotum* et *Vénus*, par Smolensko.
La Roche-sur-Yon : 1847-1849 (Villeneuve-sur-Lot : en 1850).

1271. **ÉMILIEN**, P. S. A. S.B.F., t.I, pp.29, 168.
H. N.
B. 1847. — France.
Par *Royal-Oak* et *Corysandre*, par Holbein.
Saintes : 1857-1862.

1272. **ESAÜ**, P. S. A. S. B. F., t.I, p. 30.
Cte de Baracé : 1847. — H. N., 1850.
B. 1840. — France.
Par *Royal-Oak* et *Creusa*, par Priam.
La Roche-sur-Yon : 1847-1850.

1273. **ESPOIR**, P. S. A. S. B. F., t. IV, p. 293.
Cte de Juigné.
Bb. 1873. — France.
Par *Brindisi* et *Magenta*, par Fitz-Gladiator.
La Roche-sur-Yon : 1879-1880. — Saintes : 1881-1887.

1274. **FAUGH-A-BALLAH**, S.B. F., t.VIII, p. 11.
P. S. A. — M. Malapert.
Al. 1879. — Angleterre.
Par *Lord-Gough* et *Weatherglass*, par Student.
Saintes : 1886.

1275. **FERNAND-CORTEZ**, S.B.F., t II, pp. 54, 668.
P. S. A. — H. N.
B. 1863. — France.
Par *Iago* et *Lola-Montès*, par Slane.
Saintes : 1868-1871.

1276. **FERUK-KHAN**, S.B.F., t.II, pp. 55, 208.
P. S. A. — H. N.
Al. 1857. — France.
Par *The Baron* et *Annetta*, par Ibrahim (Sultan).
Saintes : 1869-1870.

1277. **FIGHT-AWAY**, P. S. A. S. B. B., t. I, p. 220.
H. N.
Bb. 1848. — France.
Par *Gladiator* et *Flighty*, par Y. Phantom.
La Roche-sur-Yon : 1864-1865.

1278. **FLEURISTO**, S. B. F., t. VIII, p. 519.
ex-**FLEURISTE**, P. S. A. — H. N.
Bb 1885. — France.
Par *Florentin* et *La Violette*, par Le Petit-Caporal.
La Roche-sur-Yon : depuis 1891.

1279. **FLORESTAN**, P. S. A. S. B. F., t. II, pp. 58 498.
H. N.
Al. 1859. — France.
Par *The Baron* et *Forest-Flower*, par Glaucus.
La Roche-sur-Yon : 1863-1874.

1280. **FLORIN**, P. S. A. S. B. F., t. II, pp. 60, 848.
Cte de Juigné.
Al. 1854. — France.
Par *Surplice* et *Payment*, par Slane.
La Roche-sur-Yon : 1864-1879.

1281. **FLORIST**, P. S. A. S. B. F., t. II, p. 60.
H. N.
B. 1850. — Angleterre.
Par *Fancy-Boy* et *Malay*, par Mulatto.
La Roche-sur-Yon : 1857-1861.

1282. **FONTAINEBLEAU**, S. B. F., t. V, p. 182.
P. S. A. — Cte de Juigné.
Bb. 1874. — France.
Par *Dollar* et *Finlande*, ex-*Faustine*, par Ion.
La Roche-sur-Yon : 1880-1882.

1283. **FRANC-GASCON**, S. B. F., t. VI, p. 261.
P. S. A. — H. N.
Al. 1878. — France.
Par *Cymbal* et *Francine*, par Fitz-Gladiator.
La Roche-sur-Yon : 1884-1887.

1284. **FRANCŒUR**, P. S. A. S. B. F., t. III, p. 118.
H. N.
Al. 1869. — France.
Par *Zouave* et *Day-Spring*, par Annandale.
Saintes : 1874-1888.

1285. **FREGIAN**, P. S. Ar. S. B. F., t. VI, p. 719.
H. N.
Ro. 1878. — France.
Par *Sadrazam* et *Sultane*, par Rabdan.
La Roche-sur-Yon : 1882 (Villeneuve-sur-Lot en 1883).

1286. **FROHSDORFF**, P. S. A. S.B.F., t. II, pp. 62, 195.
M. Robin Langlois : 1856. — H. N. 1858.
Al. 1851. — France.
Par *Copper-Captain* et *Almée*, par Mameluk ou Paradox.
La Roche-sur-Yon : 1856-1867 (Rodez en 1868).

1287. **FROU-FROU**, S. B. F., t. IX, p. 15.
ex-**ATHOS**, P. S. A. A. — H. N.
Al. 1883. — France.
Par *Nassim*, Ar., et *Attalante*, A. A., par Saïd-Pacha ou Othello, Ar.
La Roche-sur-Yon : depuis 1887.

1288. **GALLUS**, P. S. A. S. B. F., t. I, pp. 30, 214
H. N.
Al. 1841. — France.
Par *Marcellus* et *Fatime*, par Captain-Candid.
Saint-Maixent : 1853.

1289. **GAMBETTI**, P. S. A. S.B.F., t. I, pp. 36, 388.
H. N.
B. 1845. — France.
Par *Y. Emilius* et *Tarentella*, par Tramp.
La Roche-sur-Yon : 1851-1855.

1290. **GÉDÉON**, P. S. A. A. S. B. F, t. VI, p. 612.
H. N.
Al. 1879. — France.
Par *Harami*, Ar., et *Stockwell mare*, par Stockwell.
La Roche-sur-Yon : depuis 1887.

1291. **GHEISANI**, P. S. Ar. S. B. F., t. I, p. 439
Gr. 1833. — Orient.
Par *Djarbouh*, Ar., et *Dhama*, Ar.
Saint-Maixent : 1844-1848 et en 1850.— La Roche-sur-Yon : 1849.

1292. **GLANEUR**, P. S. A. S. B. F., t. II, p. 194.
M. Poydras de la Lande, 1872. — H. N., 1874.
B. 1866. — France.
Par *Buckthorn* et *Alma*, par The Prime-Warden,
La Roche-sur-Yon : 1872-1885.

1293. **GLAUCUS**, P. S. A. S. B. F., t. II, pp. 67, 536.
H. N.
B. 1860. — France.
Par *Trajan* ou *Pédagogue* et *Glaucopis*, par Melbourne.
Saintes : 1865-1867.

1294. **GOLGOS**, P. S. A. S. B. F., t. II, pp. 68, 480.
H. N.
B. 1863. — France.
Par *Pédagogue* et *Figurante*, par Venison.
La Roche-sur-Yon : 1868.

1295. **GONTRAN**, P. S. A. S. B. F., t. II, pp. 69, 538.
H. N.
Al. 1862. — France.
Par *Fitz-Gladiator* et *Golconde*, par Lioubliou.
La Roche-sur-Yon : 1869-1880. — (Angers : 1881.)

1296. **GOODMAN**, P. S. A. S. B. F., t. II, p. 606.
H. N.
Bb. 1855. — France.
Par *Annandale* et *Simoom mare*, par Simoom.
Saintes : 1860-1862.

1297. **GOUVERNAIL**, P. S. A. S. B. F., t. II, p. 537.
H. N.
B. 1865. — France.
Y. *Gladiator* et *Goëlette*, par Ion.
La Roche-sur-Yon : 1872-1881.

1298. **GOUVERNEUR**, P. S. A. S. B. F., t. II, pp. 70, 536.
H. N.
B. 1857. — France.
Par *Pédagogue* et *Glaucopis*, par Melbourne.
La Roche-sur-Yon : 1862-1863.

1299. **HABLEUR**, P. S. A. A. S. B. F., t. I, pp. 440, 501.
H. N.
B. 1834. — France.
Par *Belmont* et *Validé*, Ar., par Raz-el-Fedawe, Ar.
La Roche-sur-Yon : 1839-1842. — (Rodez : 1843.)

1300. **HERCULE**, P. S. A. S. B. F., t. I, p. 89.
H. N.
Al. 1830. — France.
Par *Raimbow* et *Aimable*, par Election.
La Roche-sur-Yon : 1845-1847.

1301. **HIGHLANDER**, P. S. A. S.B.F., t. II, pp. 73, 510.
H. N.
B. 1858. — France.
Par *Commodor-Napier* et *Fringante*, par Terror.
La Roche-sur-Yon : 1862.

1302. **HŒMUS**, P. S. A. S. B. F., t. I, p. 40.
H. N.
B. 1828. — Angleterre.
Par *Sultan* et *Bess*, par Waxy.
La Roche-sur-Yon : 1840.

1303. **HONESTY**, P. S. A. S. B. F., t. III, p. 9.
M. Hennessy.
B. 1865. — Angleterre.
Par *Voltigeur* et *Camiola*, par Windhound.
Saintes : 1873-1881.

1304. **INCERTAIN**, P. S. A. S.B.F., t. II, pp. 75, 420.
H. N.
Al. 1852. — France.
Par *Tipple-Cider* et *Emerald*, par Merchant.
Saint-Maixent : 1856. — La Roche-sur-Yon : 1857-1858.

1305. **IRAC**, P. S. Ar. S.B.F., t. I, pp. 444, 496.
H. N.
Gr. 1835. — France.
Par *Antar*, Ar., et *Monaghie*, Ar.
Saintes : 1850-1855.

1306. **IROQUOIS**, S. B. F, t. IV, p. 27.
ex-**DUNDAS**, P. S. A.
H. N.
B. 1871. — France.
Par *Light* et *Admiralty*, par Collingwood.
Saintes : depuis 1876.

1307. **ISARD**, P. S. A. A. S. B. F., t. VII, p. 179.
H. N.
Al. 1881. — France.
Par *Daoud*, Ar., et *Clorinda*, par Angelus.
La Roche-sur-Yon : depuis 1885.

1308. **ISLY**, P. S. Ar. S. B. F., t. I, p. 444
H. N.
Gr. 1836. — Algérie.
Père et mère arabes.
Saint-Maixent : 1845-1846. — La Roche-sur-Yon : 1847-1859.

1309. **JAGUAR**, P. S. A. A. S. B. F., t. VII, p. 803.
H. N.
Al. 1882. — France.
Par *Vulcan* et *Ariane*, Ar., par Merkham.
La Roche-sur-Yon : depuis 1886.

1310. **JEAN-BART**, P. S. A. S. B. F., t. I, p. 321.
H. N.
B. 1834. — France.
Par *Harlequin* et *Nanny-Shanks*, par Marc-Orville.
La Roche-sur-Yon : 1844-1853.

1311. **JÉOVAH**, P. S. A. A. S. B. F., t. VII, p. 262.
H. N.
Al. 1882. — France.
Par *Amrani*, Ar., et *Durham*, par Lifeboat.
Saintes : depuis 1885.

1312. **JÉROBOAM**, P. S. A. S. B. F., t. I, p. 288.
H. N.
B. 1835. — France.
Par *Cadland* et *Manœuvre*, par Rubens.
La Roche-sur-Yon : 1842-1846.

1313. **JOHANN**, P. S. A. S. B. F., t. II, pp. 78, 759.
H. N.
Al. 1853. — France.
Par *Y. Emilius* ou *Garry-Owen* et *Miss-Jenny*, par Ali-Baba.
La Roche-sur-Yon : 1857-1861.

1314. **JONAS**, P. S. A. S. B. F., t. I, p. 44.
H. N.
B. 1831. — Angleterre.
Par *Walebone* et *Rectory*, par Octavius.
Saint-Maixent : 1837-1840. — La Roche-sur-Yon : 1840-1843.
(Blois : 1844.)

1315. **JUGURTHA**, P. S. Ar. S. B. F., t. VII, p. 859.
H. N.
Al. 1882. — France.
Par *Harami* et *Zamilié*, Ar., de race Gelfah.
Saintes : 1886-1889.

1316. **JUILLAC**, P. S. A. A. S. B. F., t. VII, p. 624.
H. N.
Al. 1882. — France.
Par *Harami*, Ar., et *Poëtry*, par Stockwell.
La Roche-sur-Yon : depuis 1886.

1317. **KARIGAN**, P. S. A. S. B. F., t. V., p. 165.
H. N.
Al. 1877. — France.
Par *Suzerain* et *Eurêka*, par Womersley.
La Roche-sur-Yon : 1883-1890.

1318. **KOURLI**, P. S. A. A. S. B. F., t. VII, p. 826.
H. N.
Gr. 1883. — France.
Par *Vulcan* et *Ève*, Ar., par Zouave, Ar.
Saintes : depuis 1887.

1319. **LAMBRO**, P. S. Ar. S.B.F., t. II, pp. 1114, 1132
H. N.
Gr. 1852. — France.
Par *Hussein*, et *Amine*, par Laïsum, ar.
La Roche-sur-Yon : 1858-1863 (Pau en 1864).

1320. **LANCY**, P. S. A. A. S.B.F., t. II, p. 1114.
H. N.
B. 1853.
Par *Ulric* et *Mirza*, par Turckman, turc.
Saintes : 1858-1861.

1321. **LAOCOON**, P. S. A. S.B.F., t. I, pp. 47, 310.
H. N.
N. 1837. — France.
Par *Terror* et *Miss-Henry*, par Tiresias.
Saint-Maixent : 1842-1845.

1322. **LAWTON**, P. S. A. S.B.F., t. I, p. 47.
H. N.
Al. 1839. — France.
Par *The Colonel*, et *Mathilda*, par Orville.
La Roche-sur-Yon : 1844-1849.

1323. **LAZZARONE**, S.B.F., t. V, pp. 11, 291.
P. S. A. A. — H. N.
B. 1874. — France.
Par *Ceylon*, P. S. A., et *Lorette*, A. Ar., par Dankali, ar.
Saintes : depuis 1877.

1324. **LE BAL**, S.B.F., t. V. p. 255.
ex-**MONSIEUR-MÉNÉLAS**, P. S. A. — M. Deniau.
B. 1876. — France.
Par *Gabier* et *La Belle-Hélène*, par Fitz-Gladiator.
La Roche-sur-Yon : depuis 1885.

1325. **LE DUC**, P. S. A. A. S.B.F., t. V. p. 379.
H. N.
Bb. 1876. — France.
Par *Ceylon* et *Orpheline*, par Emir, ar.
Saintes : 1879 (Perpignan en 1880).

1326. **LE FOU**, P. S. A. S.B.F., t. II, pp. 82, 240.
M. Pellevoisin.
B. 1860. — France.
Par *Womersley* et *Balaclava*, ex-*Medore marc*, par Medoro.
La Roche-sur-Yon : 1870-1879.

1327. **LE KÉPI**, P. S. A. S. B. F., t. VI, p. 360.
H. N.
Al. 1872. — France.
Par *Zouave* et *Péniche*, par Collingwood.
La Roche-sur-Yon : depuis 1878.

1328. **LE LION**, P. S. A. S.B.F., t. VI, p. 84.
H. N.
B. 1877. — France.
Par *Androclès* et *Barbillonne*, ex-*Mi-Voie*, par Y. Gladiator, ex-Achille.
La Roche-sur-Yon : depuis 1882.

1329. **LE RIEUTORT**, S.B.F., t. IX. p. 235.
P. S. A. — H. N.
Al. 1885. — France.
Par *Bay-Archer* et *La Rosière*, par Consul.
La Roche-sur-Yon : depuis 1891.

1330. **LIBAN**, P. S. Ar. S.B.F., t. IX, p. 422.
Cte Duchatel.
B. 1884. — France.
Par *Abdeni-Samari*, ar., et *Adenia-Kibira*.
Saintes : depuis 1888.

1331. **LINGOT-D'OR**, S.B.F., t. II. pp. 85, 453.
P. S. A. — Bon de Lareinty.
Al. 1851. — France.
Par *The Baron* et *Eusebia*, par Emilius.
La Roche-sur-Yon : 1855-1865.

1332. **LIVERPOOL**, P. S. A. S.B.F., t. I, p. 370.
Bon de Lareinty.
B. 1843. — Angleterre.
Par *Liverpool* et *Shirine*, par Blacklock.
La Roche-sur-Yon : 1856-1862.

1333. **LIVRÉ**, P. S. A. S.B.F., t. II, pp. 86, 267.
M. Caillé.
Al. 1856. — France.
Par *Velox* et *Biche*, par Y. Emilius.
La Roche-sur-Yon : 1861.

1334. **LOTO**, P. S. A. S.B.F., t. I, pp. 49, 247.
H. N.
Bb. 1844. — France.
Par *Lottery* et *Huraca*, par Pickpocket.
Saintes : 1850-1851.

1335. **LYCURGUE**, S.B.F., t. I. pp. 51, 188.
P. S. A. — H. N.
B. 1836. — France.
Par *Carbon* et *Doris*, par Trance.
La Roche-sur-Yon : 1840-1849. — Saintes : 1850.

1336. **MAHMOUTH**, S.B.F., t. I, pp. 448. 471.
P. S. Ar. — H. N.
G. 1838. — France.
Par *Bédouin*, ar., et *Asfoura*, par Pacha, ar.
Saintes : 1850-1859.

1337. **MANDRIN**, P. S. A. S.B.F., t. II, pp. 90, 799.
H. N.
B. 1856. — France.
Par *Nathaniel* et *Nelly*, par Terror.
Saintes : 1860.

1338. **MANOEL**, P. S. A. S.B.F., t. VI. p. 645.
M. Bauchamp.
B. 1880. — France.
Par *Flageolet* et *Vestale*, par Patricien.
Saintes : 1885-1890.

1339. **MARCELLUS**, P. S. A. S.B.F., t. I, p. 5
H. N.
B. 1819. — Angleterre.
Par *Sélim* et *Briseïs*, par Bening-Brough.
La Roche-sur-Yon : 1839.

1340. **MARIGNAN**, P. S. A. — H. N. S.B.F., t. II, pp. 91, 702.
B. 1859. — France.
Par *Womersley* et *Margaret*, par Drayton.
La Roche-sur-Yon : 1871-1873-1881.

1341. **MARQUIS**, P. S. A. H. N. S.B.F., t. IV, p. 160.
B. 1872. — France.
Par *Zouave* et *Espérance*, par Weathergage.
Saintes : 1878-1887.

1342. **MARS**, P. S. A. H. N. S.B.F., t. I, pp. 53, 223.
Al. 1842. — France.
Par *Général-Mina* ou *Dangerous*, et *Folla*, par Premium.
La Roche-sur-Yon : 1864.

1343. **MARS**, P. S. A. Cte de Juigné. S.B.A., t. II, p. 1000.
B. 1867. — France.
Par *To Optimist* et *Woman-in-Red*, ex-*Jessie-Brown*, par Wild-Dayrell.
La Roche-sur-Yon : 1873-1880.

1344. **MARTIN**, P. S. A. H. N. S.B.F., t. IV, p. 308.
Al. 1870. — France.
Par *Florin* et *Mélanie*, par Aguila.
Saintes : 1880-1885.

1345. **MERCURE**, P. S. A. M. Muhieux. S.B.F., t. II, pp. 94, 725.
B. 1858. — France.
Par *Sting* et *Mélanippe*, par Merchant.
Saintes : 1869-1870.

1346. **MÉRIADEC**, P. S. A. H. N. S.B.F., t. I, p. 227.
B. 1840. — Orne.
Par *Prince-Caradoc* et *Frétillon*, par Sylvio.
Saintes : 1853-1864.

1347. **MILAN I**, P. S. A. H. N. S.B.F., t. V, p. 300.
B. 1877. — France.
Par *Le Sarrazin* et *Mademoiselle-de-Champigny*, par Faugh-a-Ballah.
Saintes : depuis 1887.

1348. **MICHEL-ANGE**, P. S. A. S. B. F., t. V., p. 334.
H. N.
Al. 1876. — France.
Par *Clotaire* et *Michelette*, par Orphelin.
La Roche-sur-Yon : 1881-1882.

1349. **MICROMÈGAS**, P. S. A. S.B.F., t. I, pp. 55, 182.
H. N.
B. 1841. — France.
Par *Sylvio* et *Dine*, par Eastham.
Saint-Maixent : 1845-1851.

1350. **MINOTAURE**, P. S. A. S. B. F., t. II, p. 707.
H. N.
Al. 1867. — France.
Par *Fitz-Gladiator* et *Marianne*, par Sting.
La Roche-sur-Yon : 1873. — Aurillac : 1874.

1351. **MISTRAL**, P. S. A. S. B. F., t. I, p. 57.
H. N.
B. 1838. — France.
Par *Lottery* et *Midsummer*, par Filho-da-Puta.
La Roche-sur-Yon : 1844.

1352. **MONSIEUR-DE-SAINT-JEAN**, S. B. F., t. II, p. 600.
P. S. A.
H. N.
B. 1852. — France.
Par *Commodor-Napier* et *Iocaste*, par Deucalion.
La Roche-sur-Yon : 1858-1861.

1353. **MONSIEUR-LE-PRINCE**, S. B. F., t. II, p. 278.
P. S. A.
H. N.
B. 1868. — France.
Par *Argonaut* et *Bourg-la-Reine*, par The Cossack.
Saintes : 1877-1879.

1354. **MONTARGIS**, P. S. A. S. B. F., t. III, p. 423.
Cte de Jigné, 1876. — M. Fayou, 1888.
Al. 1870. — France.
Par *Orphelin* et *Woman-in-Red*, par Wild-Dayrell.
La Roche-sur-Yon : 1876-1887. — Saintes : 1888-1889.

1355. **MONTBARS**, P. S. A. S. B. F., t. III, p. 47.
H. N.
B. 1869. — France.
Par *Zouave* et *Auréole*, par Malton.
Saintes : 1873-1889.

1356. **MONTGOMME**, P. S. A. S. B. F., t. VI, p. 471.
H. N.
Al. 1878. — France.
Par *Mortemer* et *Morna*, par Beadsman.
La Roche-sur-Yon : depuis 1882.

1357. **MOZART**, P. S. A. S. B. F., t. .. p. ....
M. le Cte de Baracé.
B. 1837. — France.
Par *Carbon* et *Fauvette*, par Trance.
La Roche-sur-Yon : 1842.

1358. **NAPOLÉON**, P. S. A. S. B. F., t. I, p. 60.
H. N.
B. 1824. — Angleterre.
Par *Bob-Booty* et *Pope mare*, par Waxy-Pope.
La Roche-sur-Yon : 1847.

1359. **NATHANIEL**, P. S. A. S. B. F., t. I, p. 321.
H. N.
B. 1849. — France.
Par *Master-Wags* et *Nativa*, ex-*Lanterne*, par Royal-Oak.
Saintes : 1853-1861.

1360. **NAUTILUS**, P. S. A. S. B. F., t. I, pp. 60, 408.
H. N.
Bb. 1835. — France.
Par *Cadland* et *Victoria*, par Milton.
Saintes : 1851-1852. — (Angers : 1853.)

1361. **NOUGAT**, P. S. A. S. B. F., t. IV, p. 339.
M. Malapert.
B. 1872. — France.
Par *Consul* et *Nébuleuse*, par Gladiator.
Saintes : 1884-1888.

1362. **OMER-PACHA**, P. S. A. S. B. F., t. II, pp. 105, 341.
H. N.
B. 1854. — France.
Par *Brocardo* et *Cochléa*, par Mameluke.
La Roche-sur-Yon : 1871.

1363. **ORESTE**, P. A. A. A. S. B. F., t. IX, p. 343.
H. N.
Al. 1887. — France.
Par *Job*, Ar., et *Renée*, par Carnival.
Saintes : depuis 1891.

1364. **ORIGNAC**, P. S. A. A. S. B. F., t. IX, p. 444.
H. N.
Al. 1887. — France.
Par *Bariolet* et *Estencia*, par Harami, Ar.
La Roche-sur-Yon : depuis 1891.

1365. **PACIFIC**, P. S. A. S.B.F., t. V, p. 251.
H. N.
B. 1877. — France.
Par *Atlantic* et *King-Tom mare*, par King-Tom.
Saintes : depuis 1882.

1366. **PAGAN**, P. S. A. S.B.F., t. I, p. 63.
H. N.
B. 1838. — Angleterre.
Par *Muley-Molock* et *Fanny*, par Jerry.
La Roche-sur-Yon : 1842-1855.

1367. **PAIMPOL**, P. S. A. S.B.F., t. IX, p. 315.
H. N.
B. 1887. — France.
Par *Brest* et *Paralytique*, par Stentor.
Saintes : 1892.

1368. **PALADIN**, P. S. A. S.B.F., t. VI, p. 19.
M. Malapert.
Al. 1870. — Angleterre.
Par *Fitz-Roland* et *Queen-Bertha*, par Kingston.
Saintes : 1880-1886.

1369. **PANACHE**, P. S. A. S.B.F., t. VI, p. 20.
H. N.
Al. 1877. — France.
Par *Marengo* et *Snalla*, par Zouave.
Saintes : depuis 1880.

1370. **PASSE-PÈRE**, P. S. A. S.B.F., t. VI, p. 20.
H. N.
Al. 1869. — France.
Par *Orphelin* et *Miss-Margot*, par Royal-Quand-Même.
La Roche-sur-Yon : 1881-1883.

1371. **PASTEUR**, P. S. A. S.B.F., t. III. p. 342
H. N.
Al. 1871. — France.
Par *Light* et *Poutrelle*, par Fitz-Gladiator.
La Roche-sur-Yon : 1876-1877.

1372. **PELLEGRINO**, P. S. A. S.B.F., t. IX. p. 30
M. Malapert.
Bb. 1874. — Angleterre.
Par *The Palmer* et *Lady-Audley*, par Macaroni.
Saintes : depuis 1887.

1373. **PHLEGETHON**, P. S. A. S.B.F., t. IX. p. 204.
H. N.
B. 1886. — France.
Par *Fontainebleau* et *Isménie*, par Plutus.
La Roche-sur-Yon : 1892.

1374. **PIED-DE-CHÊNE**, S.B.F., t. I. pp. 68, 207.
P. S. A. — H. N.
B. 1845. — France.
Par *Royal-Oak* et *Essler*, par Cadland.
La Roche-sur-Yon : 1850-1852.

1375. **PIÉDESTAL**, P. S. A. S.B.F., t. I. p. 385.
H. N.
B. 1850. — France.
Par *Commodore-Napier* et *Sylvina*, par Fra-Diavolo.
Saintes : 1855-1866.

1376. **PIOUPIOU**, P. S. A. S.B.F., t. II, p. 230.
H. N.
Al. 1864. — France.
Par *Zouave* et *Auréole*, par Malton.
Saintes : 1871-1873.

1377. **PRATIQUE**, P. S. A. S.B.F., t. IV, p. 18.
H. N.
B. 1860. — Angleterre.
Par *Newminster* et *Patience*, par Lanercost.
La Roche-sur-Yon : 1874-1876 (Villeneuve en 1877).

1378. **PRINCE-EUGÈNE**, S.B.F., t. I, pp. 71, 335.
P. S. A. A. — H. N.
B. 1841. — France.
Par *Eylau*, A. A., et *Paméla*, par Captain-Candid.
Saint-Maixent : 1846. — La Roche-sur-Yon : 1847-1853.

1379. **PRINCE-NOIR**, P. S. A. — H. N. S.B.F., t. II, pp. 117, 218.
B. 1855. — France.
Par *Womersley* et *Arabelle*, par Paradox.
La Roche-sur-Yon : 1864-1865 (Rodez en 1866).

1380. **PRINTEMPS**, P. S. A. H. N. S.B.F., t. II, p. 194.
B. 1868. — France.
Par *Buckthorn* et *Alma*, ex-*Berthine*, par The Prime-Warden.
La Roche-sur-Yon : 1876-1882.

1381. **PROPHÈTE**, P. S. A. H. N. S.B.F., t. I, p. 419.
B. 1849. — France.
Par *Y. Snail* et *Zille*, par Friedland.
Saintes : 1853-1857.

1382. **QUEEN'S-HERALD**, P. S. A. — M. Hastron. S.B.F., t. X, pp. 38, 48.
Al. 1874. — Angleterre.
Par *Trumpeter* et *Queen-Bertha*, par Kingston.
Saintes : depuis 1889.

1383. **QUINTESSENCE**, P. S. A. — H. N. S.B.F., t. I, pp. 73, 200.
B. 1842. — France.
Par *Emilius* et *Y. Espagnolle*, par Partisan.
Saint-Maixent : 1846-1853 (Hennebont en 1854).

1384. **QUIPROQUO**, P. S. A. — H. N. S.B.F., t. I. pp. 73, 320.
B. 1838. — France.
Par *Royal-Oak* et *Naïad*, par Whalebone.
La Roche-sur-Yon : 1847-1850.

1385. **RAYMOND**, P. S. A. H. N. S.B.F., t. VII, p. 147.
Al. 1881. — France.
Par *Ruy-Blas* et *Cantine*, par Vermouth.
Saintes : depuis 1886.

1386. **RAZ-EL-ABIAD**, P. S. Ar. S.B.F., t. IV, p. 484.
Gr. 1865. — Orient.
De race Cheklaoui. Sa mère, Edma-Akoub, sortant des Anézés.
La Roche-sur-Yon : 1874-1882.

1387. **ROBINSON**, P. S. A. S.B.F., t. II, pp. 123, 822.
M. E. de Pully.
B. 1857. — France.
Par *Castor* et *Olivia*, par Gladiator.
La Roche-sur-Yon : 1870-1871. — Saintes : 1872.

1388. **ROCQUENCOURT**, S.B.F., t. I, pp. 76, 166.
P. S. A. — H. N.
Bb. 1836. — France.
Par *Logic* et *Contrition*, par Tiresias.
Saint-Maixent : 1842-1845.

1389. **ROI-DE-ROME** S.B.F., t. I, pp. 77, 370.
P. S. A. — H. N.
B. 1841. — France.
Par *Napoléon* et *Sapho*, par Eastham.
Saint-Maixent : 1845-1846. — La Roche-sur-Yon : 1847-1852
(Lamballe en 1853).

1390. **ROLAND**, P. S. A. S.B.F., t. VII, p. 291.
Cte Duchatel.
Bb. 1882. — France.
Par *Saint-Cyr* et *Fleur-d'Oranger*, par Longchamps.
Saintes : depuis 1888.

1391. **ROMULUS**, P. S. A. S.B.F., t. I, pp. 78, 408.
H. N.
B. 1835. — France.
Par *Cadland* et *Vittoria*, par Milton.
Saint-Maixent : 1842 (Angers en 1843).

1392. **RONCONI**, P. S. A. S.B.F., t. II, p. 120.
H. N.
B. 1850. — France.
Par *Sting* et *Lidia*, par Rainbow.
Saintes : 1856-1858.

1393. **ROUSSILLON**, S.B.F., t. IV, p. 151.
P. S. A. A. — H. N.
Al. 1873. — Eure.
Par *Pompier* et *Emérite*, ar., par Emir, ar.
La Roche-sur-Yon : depuis 1878.

1394. **ROYALIST**, P. S. A. S.B.F., t. II, p. 126.
M. Cézard.
B. 1851. — Angleterre.
Par *Melbourne* et *Her-Royal-Highness*, par Vélocipède.
La Roche-sur-Yon : 1863-1864.

1395. **ROYAL-QUAND-MÊME**, P. S. A. S.B.F., t. II, p. 127.
H. N.
Al. 1850. — Calvados.
Par *Gigès* et *Eusebia*, par Emilius.
La Roche-sur-Yon : 1872 (Angers en 1873).

1396. **SAINT-LÔ**, P. S. A. S. B. F., t. VI, p. 655.
H. N.
Al. 1878. — France.
Par *Losenge*, P. S. A., et *Violette*, par Womersley.
La Roche-sur-Yon : 1882-1889.

1397. **SAINT-SIMON**, P. S. A. S. B. F., t. II, p. 382.
H. N.
B. 1848. — France.
Par *Gladiator* et *Sweetlips*, par Emilius.
Saint-Maixent : 1853-1863.

1398. **SAN-STEFANO**, S. B. F., t. VI, p. 170.
P. S. A. — Cte de Juigné 1883. — H. N. 1888.
Al. 1877. — France.
Par *Faublas* et *Dauphine*, par Monarque.
La Roche-sur-Yon : 1883-1889 (Libourne en 1890).

1399. **SAMMAN**, P. S. Ar. S. B. F., t. II, p. 1122.
H. N.
B. 1850. — Perse.
Père et mère persans.
Saintes : 1863.

1400. **SANS-FAÇON**, P. S. A. S. B. F., t. I, p. 385.
H. N.
B. 1850. — France.
Par *Morok* et *Simmetry*, par Sheet-Anchor.
Saint-Maixent : 1856-1861.

1401. **SANS-VANITÉ**, P. S. A. — H. N. S.B.F., t. II, pp. 130, 1004.
B. 1858. — France.
Par *Sting* et *Térésina*, par Jereed.
Saintes : 1864-1871.

1402. **SAPAJOU**, P. S. A. H. N. S. B. F., t. VIII, p. 834.
B. 1885. — France.
Par *Milan* et *Stephanotis*, par Macaroni.
La Roche-sur-Yon : depuis 1890.

1403. **SAUCEBOX**, P. S. A. H. N. S. B. F., t. II, p. 130.
B. 1852. — Angleterre.
Par *Saint-Lawrence* et *Pricilla-Tomboy*, par Tomboy.
Saintes : 1872-1878.

1404. **SCARBOROUGH**, ex-**Y. BAMBOO**, P. S. A. — H. N. S. B. F., t. II, p. 130.
Al. 1847. — Angleterre.
Par *Ratan* et *Muley-Moloch mare*, par Muley-Moloch.
Saintes : 1853-1863.

1405. **SCHAMI**, P. S. A. A. H. N. S.B.F., t. I, pp. 80, 234.
Gr. 1841. — France.
Par *Franck* et *Girfah*, A. Ar., par Adeban, Ar.
Saint-Maixent : 1852 (Pau en 1853).

1406. **SEDAN**, ex-**BOSPHORE**, P. S. A. — H. N. S. B. F., t. III, p. 14.
B. 1865. — France.
Par *West-Australian* et *Silistrie*, par Surplice.
La Roche-sur-Yon : 1870-1886.

1407. **SHAMIL**, P. S. A. H. N. S. B. F., t. I, p. 171.
B. 1845. — France.
Par *Redshank* et *Currency*, par Saint-Patrick.
La Roche-sur-Yon : 1853-1858.

1408. **SHYLOCK**, P. S. A. H. N. S. B. F., t. I, p. 81.
B. 1845. — Angleterre.
Par *Simoon* et *The Queen*, par Sir-Herculès.
La Roche-sur-Yon : 1850.

1409. **SIR-BENJAMIN,** S. B. F., t. II, p. 133.
ex-**MILLER**, P. S. A. — H. N.
B. 1846. — Angleterre.
Par *Lanercost* et *Queen-of-Beauty*, par The Saddler.
Saintes : 1854-1855. — La Roche-sur-Yon : 1856-1869.

1410. **SIR-BENJAMIN-** S. B. F., t. I, p. 81.
BACKBITE, P. S. A. — H. N.
B. 1829. — Angleterre.
Par *Whisker* et *Scandal*, par Selim.
Saint-Maixent : 1839-1845.

1411. **SIR-CHARLES,** S. B. F., t. II, p. 133.
P. S. A. — H. N.
B. 1846. — Angleterre.
Par *Sleight-of-Hand* et *Macbeth mare*, par Macbeth.
Saintes : 1853-1860.

1412. **SOPHISTE**, P. S. A. S. B. F., t. I, pp. 84, 165.
H. N.
Al. 1836. — Angleterre.
Par *Paradox* et *Comus mare*, par Comus.
Saint-Maixent : 1840-1845.

1413. **SOUCI**, P. S. A. S. B. F., t. VII, pp. 688, 1060
H. N.
B. 1883. — France.
Par *Dollar* et *Saltarelle*, par Vertugadin.
Saintes : depuis 1887.

1414. **SOUDAN**, P. S. A. S. B. F., t. III. p. 268.
H. N.
B. 1869. — France.
Par *Saucebox* et *Mariage*, par Ion.
Saintes : 1875-1876.

1415. **SOULOUQUE**, P. S. A. S. B. F., t. I, p. 316.
H. N.
B. 1850. — France.
Par *Beggarman* et *Molokine*, par Molock.
Saintes : 1858-1865.

1416. **SPARTACUS**, P. S. A. S. B. F., t. II, pp. 136, 402.
H. N.
Al. 1852. — France.
Par *Gladiator* et *Discrète*, par Eastham.
La Roche-sur-Yon : 1859-1861.

1417. **SPRIGHTLY**, P. S. A. — S. B. F., t. I, p. 290.
H. N.
B. 1848. — France.
Par *Y. Emilius* et *Margaret*, par Gigès.
La Roche-sur-Yon : 1853-1855.

1418. **STENWORDE**, — S.B.F., t. II, pp. 137, 530.
P. S. A. — H. N.
N. 1854. — France.
Par *Malton* et *Gipsy*, par Sir-Herculès.
La Roche-sur-Yon : 1859 (Rosières en 1860).

1419. **STERNE**, P. S. A. — S. B. F., t. II, p. 138.
H. N.
B. 1837. — France.
Par *Harlequin* et *Eugenia*, par Trance.
La Roche-sur-Yon : 1842-1843.

1420. **STOKER**, P. S. A. — S. B. F., t. II, p. 138.
H. N.
B. 1842. — Angleterre.
Par *Steamer* et *Motley*, par Pantaloon.
Saintes : 1864.

1421. **STRONGBOW**, — S. B. F., t. II, p. 138.
P. S. A. — H. N.
B. 1846. — Angleterre.
Par *Touchstone* et *Miss-Bow*, par Catton.
La Roche-sur-Yon : 1861-1863.

1422. **SYLPHE**, P. S. A. — S.B.F., t. I, pp. 86, 208.
H. N.
B. 1836. — France.
Par *Sylvio* et *Eucharis*, par Tigris.
Saint-Maixent : 1840 (Angers en 1841).

1423. **TANT-MIEUX**, P. S. A. — S. B. F., t. VI, p. 85.
H. N.
Al. 1879. — France.
Par *Trocadéro* ou *Saxifrage* et *Bariolette*, par Orphelin.
Saintes : depuis 1886.

1424. **TETOTUM**, P. S. A. — S. B. F., t. I, p. 89.
H. N.
B. 1828. — Angleterre.
Par *Lottery* et *Smolensko mare*, par Smolensko.
La Roche-sur-Yon : 1842-1844.

1425. THE MINSTREL-BOY, P. S. A. S. B. F., t. X, p. 43.
H. N.
Bb. 1883. — Angleterre.
Par *Mozart* et *Mead*, par Anglo-Saxon.
Saintes : depuis 1891.

1426. **THÉODORIC**, S. B. F., t. VI, p. 437.
ex-**N.-DE-MÉLANIE**, P. S. A.
H. N.
Al. 1879. — France.
Par *Gontran* et *Mélanie*, par Aguila.
La Roche-sur-Yon : 1884-1890.

1427. **THE ROUÉ**, P. S. A. S. B. F., t. II, p. 126.
H. N.
Al. 1847. — Angleterre.
Par *Claret* et *Roulette*, par Philip-the-First.
La Roche-sur-Yon : 1853-1869.

1428. **TIRE-LARIGOT**, P. S. A. S. B. F., t. IX, p. 499.
H. N.
B. 1886. — France.
Par *Ptutus* et *N.-de-Tire-Lire*, par Pretty-Boy.
Saintes : 1892.

1429. **TIPPLER I**, P. S. A. S. B. F., t. II, p. 143
H. N.
Al. 1850. — Orne.
Par *Tipple-Cider* et *Emelina*, par Emilius.
La Roche-sur-Yon : 1856–1860. — (Blois : 1861.)

1430. **TIPPLER II**, P. S. A. S. B. F., t. II, p. 144.
H. N.
Al. 1855. — France.
Par *Tipple-Cider* et *Boutique*, par Y. Emilius ou Gigès.
La Roche-sur-Yon : 1864-1866.

1431. **TOPINAMBOUR**, P. S. A. S. B. F., t. I, p. 208.
H. N.
B. 1849. — Haute-Vienne.
Paa *Ionian* et *Eugenia*, par Trance.
Saintes : 1853-18554.

1432. **TURKMAN**, P. S. Ar. S. B. F., t. I, p. 465.
H. N.
Gr. 1830. — Asie.
La Roche-sur-Yon : 1850-1857.

1433. **ULRIC**, P. S. A. S. B. F., t. I, p. 280.
B. 1845. — France.
Par *Terror* et *Luna*, par The Flyer.
Saintes : 1850-1858.

1434. **ULYSSE**, P. S. A. S. B. F., t. I, p. 94.
H. N.
B. 1843. — France.
Par *Elis* et *Déception*, par Defence.
Saint-Maixent : 1849-1852. — Lamballe : 1852.

1435. **VERMEIL**, P. S. A. A. S.B.F., t. III, p. 352.
H. N.
Gr. 1871. — France.
Par *Womersley*, P. S. A., et *Radégonde*, P. S. A. A., par Coran, ar.,
La Roche-sur-Yon : 1877-1882 (Villeneuve en 1882).

1436. **VICTOT**, P. S. A. S.B.F., t. I, p. 180.
H. N.
B. 1846. — France.
Par *Master-Wags* et *Destiny*, par Centaure.
Saint-Maixent : 1860-1861.

1437. **WOLFRAM**, P. S. A. S.B.F., t. II, p. 262.
H. N.
B. 1859. — France.
Par *Weathergage* et *Bénédiction*, par Physician.
Saintes : 1872-1876.

1438. **XÉNOPHANE**, P. S. A. A. S.B.F., t. I, p. 174.
H. N.
B. 1848. — Pompadour.
Par *Romagnési*, P. S. A. A., et *Danaë*, par Massoud.
La Roche-sur-Yon : 1851-1857. — (Rosières : 1857.)

1439. **Y. BRANDY-FACE**, S.B.F., t. II, p. 501.
P. S. A. (approuvé). — M. le Bon de Jamonières.
B. 1853. — France.
Par *Brandy-Face* et *Jane*, par Deucalion.
La Roche-sur-Yon : 1858-1863.

1440. **Y. COLWICK**, P. S. A. S.B.F., t. I, p. 226.
B. 1837. — France.
Par *Colwick* et *Frantic*, par Bedlamite.
La Roche-sur-Yon : 1845-1848.

1441. **Y. EMILIUS**, P. S. A.
H. N.
B. 1827. — Angleterre.
Par *Emilius* et *Sal,* par Scud, P. S. A.
Saint-Maixent : 1842-1845.

1442. **GLADIATOR,** S.B.F., t. II, p. 430.
ex-**ACHILLE**, P. S. A. (approuvé). — Cte de Juigné.
B. 1851. — France.
Par *Gladiator,* et *Emilia,* par Y. Emilius.
La Roche-sur-Yon : 1867-1870.

1443. **Y. TIGRIS**, P. S. A. A. S.B.F., t. I, p. 161.
H. N.
Al. 1830. — France.
Par *Tigris*, et *Cloris,* P. S. A. A., par Aslan, turc.
La Roche-sur-Yon : 1846-1854.

1444. **YRIEX**, P. S. A. A. S.B.F., t. I. p. 250.
H. N.
Al. 1849. — Pompadour.
Par *Prospero*, et *Iris*, par Napoléon.
La Roche-sur-Yon : 1852-1857.

1445. **ZESTE**, P. S. A. S.B.F., t. II, p. 324.
H. N.
B. 1850. — Pompadour.
Par *Sylvio*, et *Chimère*, par Holbein.
La Roche-sur-Yon : 1855-1857.

ERRATA

ERRATA

Page 140 : **RAMBLER**
Lire *Swif* et non *Swift*.

Page 160 : **Y. BON-TON**
doit régulièrement être porté au n° 313, page 58 ; c'est un étalon indigène.

Page 162 : **Y. TIGRIS**
Cet étalon, qui est de P. S., doit régulièrement être porté au n° 1443, page 196.
Cet étalon a fait la monte à Saint-Maixent de 1834-1845.

Page 169 : **BEDDREDIN** et non **BEDREDDIN**.

Page 191 : **SAUCEBOX**
Lire *Priscilla-Tomboy*.

TABLE ALPHABÉTIQUE

TABLE ALPHABETIQUE

A

B

C

D

E

G

H

I

J

K

L

M

N

O

P

S

T

U

V

W

X

Y

Z

3006. — Paris, Imprimerie J. Kugelmann, 12, rue de la Grange-Batelière.

www.ingramcontent.com/pod-product-compliance
Ingram Content Group UK Ltd.
Pitfield, Milton Keynes, MK11 3LW, UK
UKHW020950230726
13923UKWH00007B/220